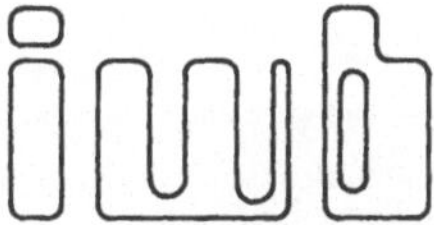

Forschungsberichte · Band 48

**Berichte aus dem
Institut für Werkzeugmaschinen
und Betriebswissenschaften
der Technischen Universität München**

Herausgeber: Prof. Dr.-Ing. J. Milberg

Norbert Schrüfer

Erstellung eines 3D-Simulationssystems zur Reduzierung von Rüstzeiten bei der NC-Bearbeitung

Mit 103 Abbildungen

Springer-Verlag Berlin Heidelberg GmbH 1992

Dipl.-Ing. Norbert Schrüfer
Institut für Werkzeugmaschinen und Betriebswissenschaften (iwb), München

Dr.-Ing. J. Milberg
o. Professor an der Technischen Universität München
Institut für Werkzeugmaschinen und Betriebswissenschaften (iwb), München

D 91

ISBN 978-3-540-55431-8   ISBN 978-3-662-07123-6 (eBook)
DOI 10.1007/978-3-662-07123-6

Gesamtherstellung: Hieronymus Buchreproduktions GmbH, München
2362/3020-543210

Geleitwort des Herausgebers

Die Verbesserung der Fertigungsmaschinen, der Fertigungsverfahren und der Fertigungsorganisation zur Steigerung der Produktivität und Verringerung der Fertigungskosten ist eine ständige Aufgabe der Produktionstechnik. Die Situation in der Produktionstechnik ist durch abnehmende Fertigungslosgrößen und zunehmende Personalkosten sowie durch eine unzureichende Nutzung der Produktionsanlagen geprägt. Neben der Forderungen nach einer Verbesserung der Mengenleistung und der Arbeitsgenauigkeit gewinnt die Steigerung der Flexibilität von Fertigungsmaschinen und Fertigungsabläufen immer mehr an Bedeutung. In zunehmendem Maß werden Programme, Einrichtungen und Anlagen für rechnergestützte und flexibel automatisierte Produktionsabläufe entwickelt.

Ziel der Forschungsarbeiten am Institut für Werkzeugmaschinen und Betriebswissenschaften der Technischen Universität München (*iwb*) ist die weitere Verbesserung der Fertigungsmittel und Fertigungsverfahren im Hinblick auf eine Optimierung der Arbeitsgenauigkeit und Mengenleistung der Fertigungssysteme. Dabei stehen Fragen der anforderungsgerechten Maschinenauslegung sowie der optimalen Prozeßführung im Vordergrund. Ein weiterer Schwerpunkt ist die Entwicklung fortgeschrittener Produktionsstrukturen und die Erarbeitung von Konzepten für die Automatisierung des Auftragsdurchlaufs. Das Ziel ist eine Integration der technischen Auftragsabwicklung von der Konstruktion bis zur Montage.

Die im Rahmen dieser Buchreihe erscheinenden Bände stammen thematisch aus den Forschungsbereichen des *iwb*: Fertigungsverfahren, Werkzeugmaschinen, Fertigungsautomatisierung und Montageautomatisierung. In ihnen werden neue Ergebnisse und Erkenntnisse aus der praxisnahen Forschung des *iwb* veröffentlicht. Diese Buchreihe soll dazu beitragen, den Wissenstransfer zwischen dem Hochschulbereich und dem Anwender in der Praxis zu verbessern.

Joachim Milberg

Vorwort

Die vorliegende Arbeit entstand neben meiner Tätigkeit als Mitarbeiter am Institut für Werkzeugmaschinen und Betriebswissenschaften (*iwb*) der Technischen Universität München und des Instituts für Montageautomatisierung GmbH (*ifm*).

Herrn Prof. Dr.-Ing. J. Milberg, dem Leiter der Institute, gilt mein besonderer Dank für die tatkräftige und wohlwollende Unterstützung sowie für die wertvollen Hinweise zu dieser Arbeit.

Herrn Prof. Dr.-Ing. K. Ehrlenspiel, dem Inhaber des Lehrstuhls für Konstruktion im Maschinenbau, danke ich für die kritische Durchsicht der Arbeit und die Übernahme des Koreferats.

Mein Dank gilt darüber hinaus den Mitarbeitern der Gildemeister Automatische Drehmaschinen GmbH, Bielefeld, die mir wertvolle Hinweise für eine praxisrelevante Konzeption der im Rahmen der vorliegenden Arbeit entstandenen Softwareprodukte gaben.

Schließlich möchte ich mich bei allen Mitarbeiterinnen und Mitarbeitern des iwb und des ifm sowie bei allen Studenten, die mich bei der Erstellung dieser Arbeit unterstützt haben, recht herzlich bedanken.

München, im Februar 1991   *Norbert Schrüfer*

Inhaltsverzeichnis

0.   Liste der verwendeten Formelzeichen

Transformationen, Positionsbeschreibungen:

P_1, P_2	Bezeichnung von Raumpunkten
M	beliebige Transformationsmatrix
P	Positionsmatrix: Beschreibt die absolute Position eines Objekts im Weltkoordinatensystem
$\mathbf{R}_{i,j}$	Relativmatrix: Beschreibt die Transformation eines Objekts vom System i in das System j
b	beliebiger Translationsvektor

Steuerungsnachbildung:

t	Zeit
t_{delta}	Zeitinkrement für die Berechnung neuer Maschinenpositionen
$s_i = s(t_i)$	Weg: Wert einer Maschinenachse zur Zeit t_i
s_{ges}	Gesamter in einer Achse zurückzulegender Weg
v_{max}, v_{const}	Maximal zulässiger Wert und konstante Geschwindikeit, mit der eine Achse verfahren wird
a_{max}, a_{const}	Maximal zulässiger Wert und konstante Beschleunigung, mit der eine Achse beschleunigt wird
b_{max}, b_{const}	Maximal zulässiger Wert und konstante Verzögerung, mit der eine Achse abgebremst wird

Kollisionserkennung:

k_i	Körper i
geo_i	Geometriedaten (Punkte-, Linien- und Flächenlisten) des Körpers k_i in Koordinaten des Geometrie-Generierungssystems
f_i	Fläche i eines Objekts
e_i	Ebene, die durch die Fläche f_i aufgespannt wird
$g_{i,j}$	Schnittgerade der Ebenen e_i und e_j

bbox	Allgemeine Bounding Box
$kbox_i$	Bounding Box, die den Körper k_i vollständig umschreibt
$kbox_i^*$	$kbox_i$, transformiert in das Geometrie-Generierungssystem eines beliebigen anderen Körpers
$fbox_{i,n}$	Bounding Box, die die Fläche f_n des Körpers k_i vollständig umschreibt
$fbox_{i,n}^*$	$fbox_{i,n}$, transformiert in das Geometrie-Generierungssystem eines beliebigen anderen Körpers

1.   Einleitung

1.1   Wettbewerbsvorteile durch Zeitsparen

Die Ausnutzung der Unternehmenspotentiale in den Bereichen Betrieb, Forschung und Entwicklung und Produktion ist entscheidend für die Wettbewerbssituation eines Unternehmens [1,2]. Beim Aufbau von Wettbewerbsvorteilen kommt der Produktionsstrategie wachsende Bedeutung zu (Abb. 1-1).

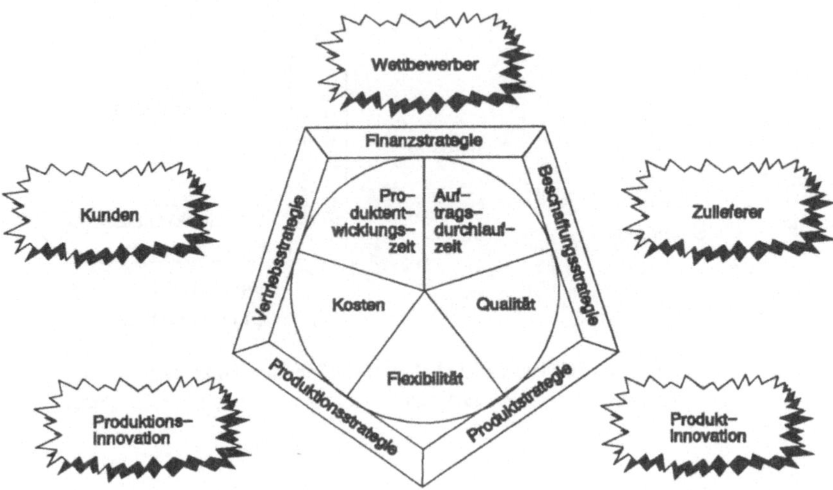

Abb. 1-1:   Einflußfaktoren für den Erfolg von Produktionsunternehmen [2]

Neben der Kostenstruktur und der Produktqualität wird sich der Zeitfaktor zu einem immer entscheidenderen Wettbewerbsfaktor entwickeln. Der optimale Einsatz der Produktionsfaktoren muß sich an diesen neuen, in der Zukunft entscheidenden Bedingungen orientieren und stärker als bisher das Zeitsparen in den Vordergrund stellen. Unternehmen mit der kürzesten Durchlaufzeit von der ersten Produktidee bis zum lieferbaren Produkt werden entscheidende Wettbewerbsvorteile erringen. Dieser Effekt läßt sich an der Erfahrungskurve (Abb. 1-2) verdeutlichen: Die Erfahrungskurve besagt, daß sich die Kosten bei jeder Verdoppelung der Menge (kumulierte Erfahrung) um ca. 20-30% senken lassen. Ist ein Wettbewerber mit einem vergleichbaren Produkt früher auf dem Markt als seine Konkurrenten, kann er diesen Zeitvorteil über die früher einsetzende kumulierte Erfahrung in einen entsprechenden Kostenvorteil umsetzen. Bei Produkten mit relativ kurzen Lebenszyklen können sich Verzögerungen bei der Markteinführung durch eine Verlängerung der Entwicklungszeit um 6 Monate in einer Ergebniseinbuße von 25-30% auswirken [3]. Zeitsparen verbessert also die Wettbewerbssituation sowohl hinsichtlich möglicher Marktanteile, als auch hinsichtlich der Kostensituation.

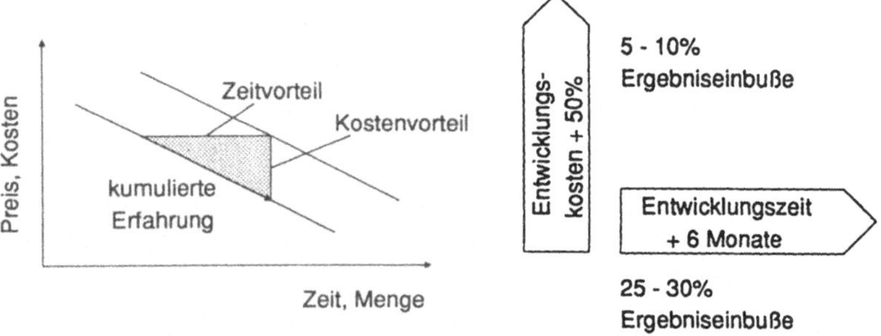

Abb. 1-2:   Erfahrungskurve und Ergebniseinbußen durch höhere Entwicklungs-
kosten im Vergleich zu Einbußen durch längere Entwicklungszeiten

1.2   Zeitsparen durch Flexibilität

Die Forderungen des Marktes nach kürzeren Lieferzeiten bei zunehmender Variantenvielfalt in kleinen Losgrößen prägen heute die Situation vieler Unternehmen. Um auf die sich schnell ändernden Marktanforderungen in kurzer Zeit reagieren zu können, sind die Unternehmen gezwungen, die Flexibilität ihrer Fertigung und Fertigungsvorbereitung zu erhöhen.

Die Erhöhung der Flexibilität der Fertigungseinrichtungen eines Unternehmens bedingt eine flexible Automatisierung der Fertigungsprozesse, des Material- und des Informationsflusses. Voraussetzung hierfür sind numerisch gesteuerte Bearbeitungsmaschinen und rechnergesteuerte Handhabungs- und Überwachungssysteme. Durch

die Integration von Beschickungseinrichtungen für Werkstücke, Werkzeuge, Spann-
mittel und Meßmittel ist die Automatisierung von Handhabungsvorgängen möglich.
Automatische Prozeßüberwachungssysteme, wie Werkzeugbruchkontrolle und
Schnittwertüberwachung, ermöglichen eine zeitlich begrenzte autonome Bearbeitung.
Aus der Grundmaschine entsteht die flexible Fertigungszelle.

In der Vergangenheit wurden schwerpunktmäßig die einzelnen Fertigungsprozesse an
den Maschinen optimiert. Maßnahmen zur Verringerung der Hauptzeiten allein können jedoch heute der Forderung nach wirtschaftlicher Fertigung nicht ausreichend
genügen. In der Zukunft müssen die Unternehmen verstärkt Anstrengungen unternehmen, um das Umfeld der eigentlichen Fertigungsmittel besser zu organisieren. In
diesem Zusammenhang stellt die Reduzierung von Neben- und Rüstzeiten ein zentrales Problem dar. Vor dem Hintergrund eines verstärkten Einsatzes von flexiblen
Fertigungszellen und Fertigungssystemen mit kleinen Losgrößen, geringer Wiederholhäufigkeit und entsprechend höheren Maschinenstundensätzen als konventionelle
Bearbeitungszentren gewinnt die Forderung nach einer Reduzierung der Rüstzeiten
zusätzlich an Bedeutung (Abb. 1-3).

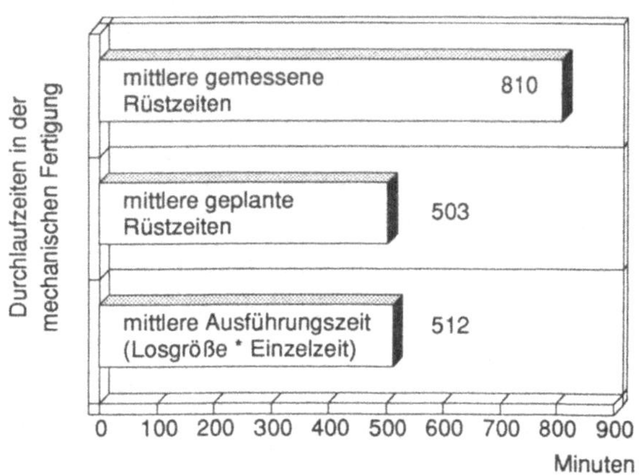

Abb. 1-3:   *Abweichung der gemessenen Rüstzeiten von den geplanten Zeitantei-*
len sowie Vergleich der Rüstzeiten zur mittleren Ausführungszeit bei
einer Untersuchung an horizontalen Bearbeitungszentren nach [1]

Durchlaufzeiten im Fertigungsvorfeld von häufig 50% oder mehr der gesamten Produktdurchlaufzeit verhindern, daß Unternehmen auf die Anforderungen des Marktes nach immer kürzeren Lieferzeiten von Produkten in gewünschtem Maße reagieren können. Ein Problem besteht darin, daß sich die Bereiche der technischen Auftragsabwicklung in der Regel durch sequentielle Arbeitsweise auszeichnen (Abb. 1-4). Hohe Arbeitsteiligkeit verbunden mit mangelnder Synchronisation, beachtliche Übergangszeiten zwischen einzelnen Verrichtungen sowie unzureichende Hilfsmittel sind häufig Ursache für zu lange Durchlaufzeiten im Fertigungsvorfeld sowie für vermeidbare Störungen in der Prozeßebene. Häufig fehlen Planern und Konstrukteuren die Hilfsmittel, die es ihnen erlauben würden, Auswirkungen von Produkt- oder Prozeßänderungen bereits in der Planungsphase zu analysieren. So entstehen in der Fertigung hohe Rüstzeiten, weil bei komplexen Teilen die Gefahr fehlerhafter NC-Programme ein langes Einfahren erforderlich macht. Korrekturen und Optimierungen im Maschinenprogramm während des Einfahrens auf der Maschine haben ihrerseits einen erhöhten Zeitaufwand für die Überarbeitung und Anpassung des NC-Teileprogramms in der NC-Programmierung zur Folge.

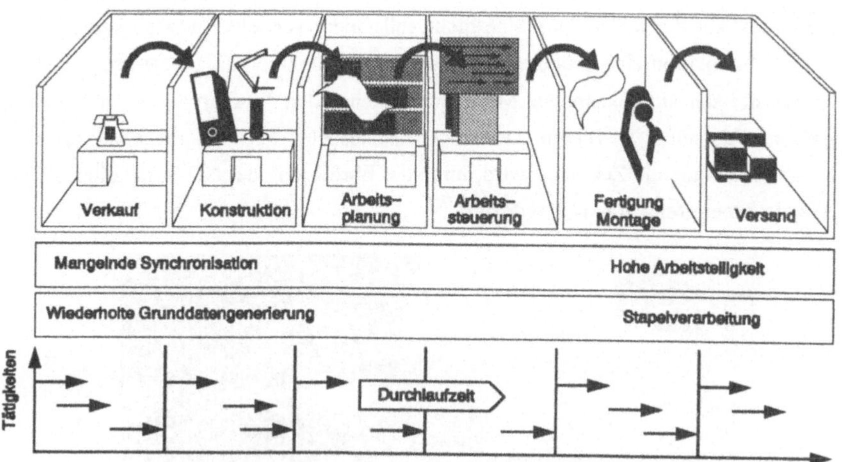

Abb. 1-4:   Hohe Durchlaufzeiten durch eine sequentielle Arbeitsweise in den Bereichen der technischen Auftragsabwicklung [2]

1.3   Simulation als Werkzeug zum Zeitsparen

Durch den Einsatz moderner rechnergestützter Hilfsmittel, wie z.B. dem von 3D-Simulationssystemen, läßt sich der Aufwand für folgende Tätigkeiten wesentlich reduzieren:

– Die Programmkontrolle in der NC-Programmierung.
– Der Testlauf der neuen NC-Programme auf dem realen Betriebsmittel.
– Die Nacharbeit für Programmänderungen nach dem Einfahren.

Ziel der vorliegenden Arbeit ist somit die Konzeption und Entwicklung eines Programmsystems zur grafischen Simulation der NC-Bearbeitung in der Arbeitsvorbereitung (Abb. 1-5). Durch ein leistungsfähiges Testsystem im Vorfeld der mechanischen Fertigung sollen geometrische Fehler im NC-Programm ausgeschlossen werden. Damit können die Einfahrzeiten auf den realen Maschinen wesentlich reduziert werden.

Obwohl auch nach einem Simulationslauf in der Arbeitsvorbereitung auf einen Programmtest auf der realen Maschine nicht vollständig verzichtet werden kann, bietet die NC-Simulation eine größere Sicherheit beim Einfahren. Da geometrische Fehler ausgeschlossen sind, kann der Maschinenbediener den Einfahrvorgang mit einem größeren Vorschub ausführen. Der für Ursachensuche und Fehlerbehebung an der Maschine anfallende Zeitanteil wird durch die Einführung der NC-Simulation in der Arbeitsvorbereitung drastisch reduziert.

Abb. 1-5:　　　　*Darstellung der NC-Bearbeitung in der Simulation*

Neben der Entwicklung des reinen Simulationssystems wird die Integration des Systems in die Arbeitsvorbereitung beschrieben. Durch die Anbindung der NC-Simulation an eine zentrale Betriebsmittelverwaltung können zusätzliche Rationalisierungseffekte im Werkzeugbereich und in der Betriebsmittelkonstruktion erzielt werden. Die NC-Simulation stellt somit einen Ansatz zur Reduzierung der Arbeitsteiligkeit in der Arbeitsvorbereitung dar und fördert die Integration der unterschiedlichen Aufgabenbereiche.

2.   Stand der Technik

2.1   Methoden der NC-Programmerstellung

Aufgabe der NC-Programmierung ist die Umsetzung der Bauteilgeometrie in Verfahranweisungen für NC-Maschinen. Die Verfahranweisungen werden in einem nach
DIN 66025 [4] genormten Format als Maschinenprogramm abgespeichert. Die Erstellung des Maschinenprogramms kann entweder direkt auf Basis von DIN 66025 oder
mit Hilfe einer problemorientierten Sprache [5] erfolgen (Abb. 2-1).

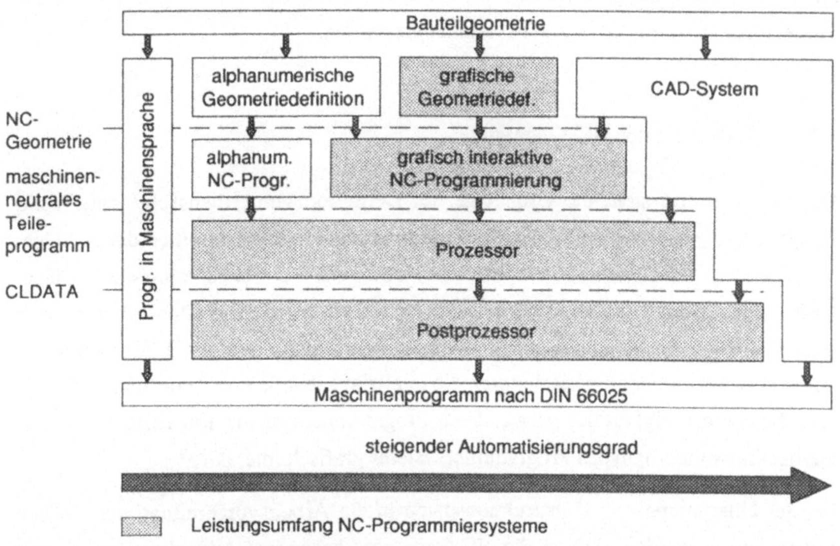

Abb. 2-1:   *NC-Programmerstellung in Maschinensprache, über NC-Geometrie, Teileprogramm und Prozessor oder im CAD-System.*

Bei der Programmerstellung unter Verwendung einer problemorientierten Sprache
muß zunächst die NC-Geometrie definiert werden. Auf der Basis der NC-Geometrie
werden anschließend Arbeitsfolge und Werkzeugbewegungen definiert. Zur Festlegung von Schnittbedingungen stehen spezielle Anweisungen der problemorientierten
Sprache zur Verfügung.

Zwischenergebnis der NC-Programmierung auf der Basis einer problemorientierten Sprache ist ein maschinenneutrales Teileprogramm. Im Leistungsumfang des Programmiersystems enthaltene Prozessoren übersetzen das Teileprogramm in das neutrale, nach DIN 66215 genormte Zwischenformat CLDATA [6]. Bei Programmiersystemen mit technologischer Funktionalität erfolgt die Festlegung der Schnittwerte während des Prozessorlaufs [7]. Die Schnittwerte werden mit Hilfe interner Tabellen und Berechnungsformeln in Abhängigkeit von Geometrie, Werkstoff und eingesetztem Werkzeugs berechnet.

Die Anpassung des CLDATA-Formats an die reale Maschinensteuerung wird mit Hilfe von maschinenspezifischen Post-Prozessoren durchgeführt. Ergebnis des Post-Prozessorlaufs ist das genormte Maschinenprogramm.

2.1.1 Definition der NC-Geometrie

Die NC-Geomtrie stellt die Grundlage der Definition von Arbeitsfolge und Werkzeugbewegungen während der NC-Programmierung dar. Zur Definition der NC-Geometrie stehen verschiedene Methoden zur Verfügung. Zum einen kann die NC-Geometrie Über geeignete Schnittstellen direkt aus einem CAD-System übernommen werden. Stehen dagegen keine CAD-Daten zur Verfügung, erfolgt die Geometriedefinition entweder alphanumerisch durch die explizite Eingabe von Koordinaten oder, je nach Leistungsfähigkeit des verwendeten Programmiersystems, mit Hilfe eines Geometrieeditors innerhalb des Programmiersystems grafisch interaktiv.

Bei der Übernahme von Konstruktionsdaten in die Arbeitsvorbereitung muß jedoch berücksichtigt werden, daß an die NC-Geometrie besondere Anforderungen gestellt werden, um eine Rechnerunterstützung bei der anschließenden Definition der Bearbeitung zu ermöglichen. So müssen z.B. zu bearbeitende Konturen als geschlossene Linienzüge eindeutig definiert sein. Die Doppeldefinition von Linien oder Punkten führt zu Problemen bei der anschließenden Umsetzung der Geometrie in NC-Sätze. Da aber konventionelle 2D-CAD-Systeme in der Konstruktion häufig nur zur reinen Zeichnungserstellung eingesetzt werden, ist nicht allgemein gewährleistet, daß NC-gerechte Geometrien zur Übergabe an die Arbeitsvorbereitung vorliegen.

Zur Realisierung der Schnittstelle zwischen Konstruktion und NC-Programmierung stehen eine Vielzahl von Ansätzen zur Verfügung [8,9,10,11,12]. Sie unterscheiden sich durch Menge und Qualität der übertragenen Informationen. Über Standard-Geometrieschnittstellen werden in der Regel alle Elemente der Fertigungszeichnung in das NC-Programmiersystem übertragen. Im Einzelfall ist zu prüfen, ob die Schnittstelle Zeichnungsdaten aus der Konstruktion unverändert übergibt oder automatisch eine NC-gerechte Geometriedefinition erstellt wird. Ein weiteres Unterscheidungsmerkmal für die unterschiedlichen Schnittstellen stellt die Frage dar, ob technologische Zusatzinformationen wie Oberflächenzeichen oder Toleranzen als Attribute oder Texte übertragen werden [13].

Bei der alphanumerischen Definition der NC-Geometrie muß der NC-Programmierer die Bauteilgeometrie aus der Fertigungszeichnung herauslesen und im NC-Programmiersystem durch die explizite Eingabe von Befehlsworten und Koordinaten neu beschreiben (Abb. 2-2).

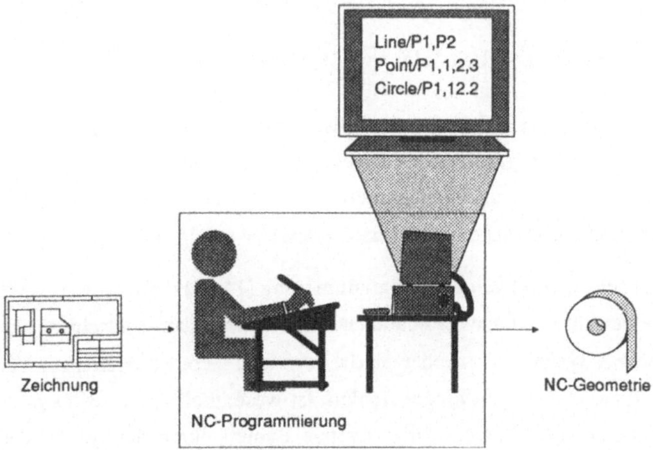

Abb. 2-2:   *Umwandlung der Zeichnungsdaten in die NC-Geometrie durch alphanumerische Eingaben*

Der NC-Programmierer muß dazu zunächst die einzelnen zweidimensionalen Schnitte und Ansichten der Fertigungszeichnung gedanklich einander zuordnen, um sich eine

Vorstellung vom zu fertigenden räumlichen Bauteil zu machen. Dieser Prozeß stellt eine der Hauptschwierigkeiten der NC-Programmierung dar. Nach den Aussagen von NC-Programmierern kann der Zeitanteil für das Eindenken in komplexe Bauteile bis zu 20% der gesamten Programmierzeit betragen.

Die alphanumerische Eingabe der NC-Geometrie stellt eine große Fehlerquelle dar. Es handelt sich dabei vor allem um Eingabefehler beim Übertragen der Bauteilabmessungen von der Zeichnung in das NC-Programmiersystem.

Die grafisch interaktive Definition der NC-Geometrie innerhalb des NC-Programmiersystems birgt die gleichen Gefahren für Übertragungsfehler in sich wie die alphanumerische Eingabe von Befehlsworten. Die vorhandene Grafik, mit deren Hilfe die jeweils aktuell definierte Geometrie dargestellt wird, ermöglicht jedoch eine Kontrolle der Geometriedefinition, sodaß bei der grafisch interaktiven Erstellung der NC-Geometrie im allgemeinen weniger Fehler zu erwarten sind als bei der alphanumerischen Geometrieerstellung.

2.1.2 Definition von Arbeitsfolge und Werkzeugbewegungen

Nach der Definition der NC-Geometrie müssen die Arbeitsfolge und die Werkzeugbewegungen vom NC-Programmierer festgelegt werden. Die Festlegung der Werkzeugbewegungen kann entweder alphanumerisch durch die Eingabe von Befehlsworten der NC-Programmiersprache oder grafisch interaktiv erfolgen.

Bei der grafisch-interaktiven NC-Programmierung [14,15] definiert der NC-Programmierer Bearbeitungen, indem er charakteristische Punkte am Bildschirm identifiziert (Abb. 2-3). Das System hat so jederzeit die korrekten Geometriedaten zur Verfügung. Die Wahrscheinlichkeit von Eingabefehlern ist wesentlich reduziert. Darüber hinaus wird das Verständnis über das zu fertigende Bauteil durch die vorhandene Grafik wesentlich erhöht.

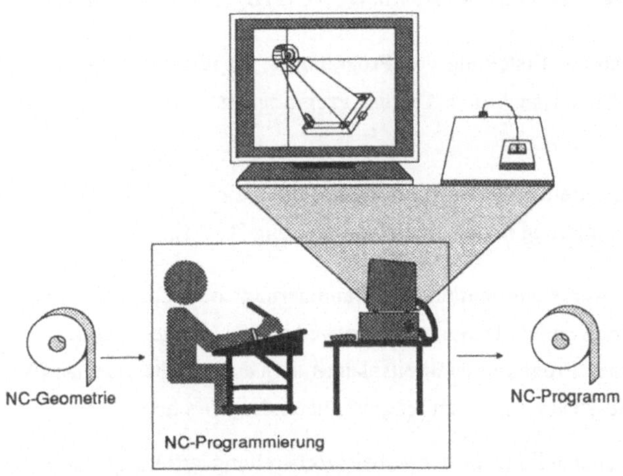

Abb. 2-3:   *Grafisch interaktive Festlegung der Werkzeugbewegungen auf der*
                Basis einer zuvor erstellten NC-Geometrie

Dennoch werden in vielen Unternehmen NC-Programme nach wie vor textuell erstellt. Gerade Unternehmen, die vor Jahren als erste in NC-Programmiersysteme für
die Arbeitsvorbereitung investierten, scheuen sich oft, neue NC-Programmiersysteme
(und damit evtl. auch neue Rechnerhardware) einzuführen. In diesen Unternehmen
sind oftmals große Anstrengungen unternommen worden, um firmenspezifische Bearbeitungsmakros zur erzeugen. Die Bearbeitungsmakros legen z.B. fest, wie oft und
mit welchen Durchmessern Passungsbohrungen vorgebohrt und mit welchen Werkzeugen das Fertigmaß hergestellt wird. Die Gründe für ein Beibehalten der alten
NC-Programmiertechnologie sind oftmals

- vorausgegangene Investitionen in Hard- und Software,
- ein großer Bestand an alten NC-Programmen und
- eine Vielzahl firmenspezifischer Detailverbesserungen.

2.2   Werkstatt- und AV-orientierte NC-Programmerstellung

Die Verfahren zur Erstellung von Programmen für numerisch gesteuerte Werkzeugmaschinen können nach dem Ort der Programmerstellung unterschieden werden in die

- werkstattorientierte Programmierung und in die
- Programmierung in der Arbeitsvorbereitung [17,13].

Der Begriff "werkstattorientierte Programmierung" bezeichnet dabei das dialogorientierte Erstellen von NC-Programmen entweder direkt an der Werkzeugmaschine oder mit Hilfe eines Programmierarbeitsplatzes, der die gleiche Benutzeroberfläche aufweist, wie die Steuerung der zu programmierenden Maschine.

Die Programmerstellung in der Arbeitsvorbereitung erfolgt in der Regel mit Hilfe eines maschinenunabhängigen NC-Programmiersystems.

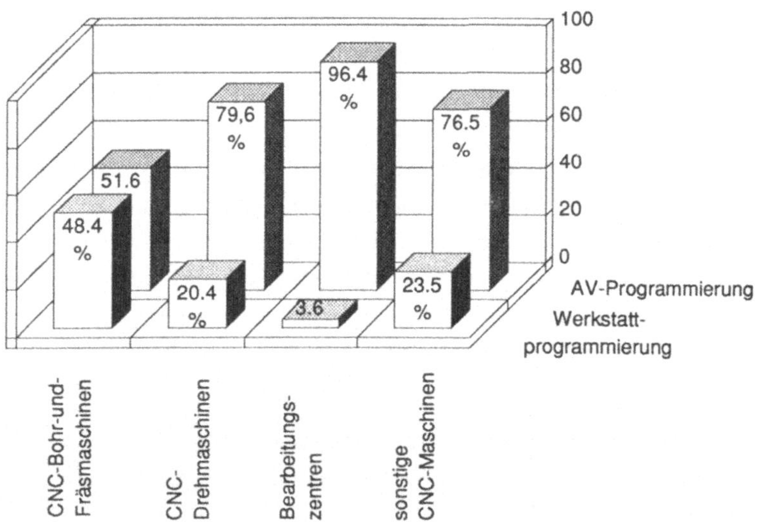

Abb. 2-4:   *Vergleich der Häufigkeit von AV- und Werkstattprogrammierung für verschiedene Maschinenklassen [16]*

Wie Abb. 2-4 zeigt, wird der überwiegende Anteil von NC-Programmen in der Arbeitsvorbereitung erstellt [16]. Im folgenden werden die beiden Ansätze kurz dargestellt und die Gründe für den hohen Anteil der NC-Programmerstellung in der Arbeitsvorbereitung aufgezeigt.

2.2.1 Werkstattorientierte Programmerstellung

Der Hauptnachteil der Programmierung mit Hilfe der Handeingabesteuerung einer Werkzeugmaschine lag bis vor wenigen Jahren in der Belegung des Fertigungsmittels während der Programmierung. Moderne Entwicklungen auf dem Steuerungssektor erlauben dagegen die Programmierung einer neuen Fertigungsaufgabe zeitgleich zur Abarbeitung eines bestehenden Programms [18]. Bei Programmierung mit Hilfe eines separaten Programmierplatzes muß die Programmerstellung darüber hinaus nicht zwangsläufig im Werkstattbereich oder Meisterbüro erfolgen. Der Programmierplatz kann auch in der Arbeitsvorbereitung installiert werden. Die Übertragung der erstellten Maschinenprogramme erfolgt dann entweder direkt über eine DNC-Schnittstelle oder mittels Lochstreifen.

Grundlage der werkstattorientierten Programmierverfahren ist die Überlegung, vorhandene Ressourcen zu nutzen, um den Facharbeiter vor Ort, d.h. an der NC-Maschine, zu unterstützen, statt durch die Schaffung einer zusätzlichen Abteilung neuen Personalbedarf zu erzeugen. Darüber hinaus sollen einheitliche Systeme für Werkstatt und Arbeitsvorbereitung geschaffen werden. Die Änderung von NC-Programmen soll in gleicher Form erfolgen wie die Neuprogrammierung. Weitere im Rahmen eines vom Bundesministerium für Forschung und Technologie geförderten Verbundprojekts verfolgte Ziele waren die grafisch-interaktive Eingabe des neuen NC-Programms ohne Verwendung einer speziellen Programmiersprache sowie die grafische Simulation des Bearbeitungsprozesses [19,20,21].

Die Leistungsfähigkeit von maschinennahen Programmiersystemen ist jedoch in aller Regel durch die verwendete Rechnerhardware begrenzt. Obwohl der Preis für Rechnerhardware in den letzten Jahren rapide sank, besteht noch immer ein großer Leistungsunterschied zwischen den in der Steuerung oder in maschinennahen Programmierplätzen eingesetzten Rechnerarchitekturen und modernen Arbeitsplatzrechnern in der Arbeitsvorbereitung. Gerade die Forderung nach einer grafischen Darstellung des Bearbeitungsprozesses erfordert jedoch die Verwendung leistungsfähiger Grafikhardware, deren Einsatz in einer NC-Steuerung noch zu teuer ist.

2.2.2 Programmierung in der Arbeitsvorbereitung

Bei der Programmierung in der Arbeitsvorbereitung werden überwiegend Programmiersysteme auf der Basis einer maschinenunabhängigen, problemorientierten Programmiersprache eingesetzt. Für den Einsatz von Programmiersystemen in der Arbeitsvorbereitung sprechen vor allem (Abb. 2-5)

– ein vorhandener Maschinenpark mit vielen unterschiedlichen Steuerungen,

– die Fertigung von Werkstücken mit komplexer Geometrie und

– ein hoher Bedarf an neuen NC-Programmen pro Jahr.

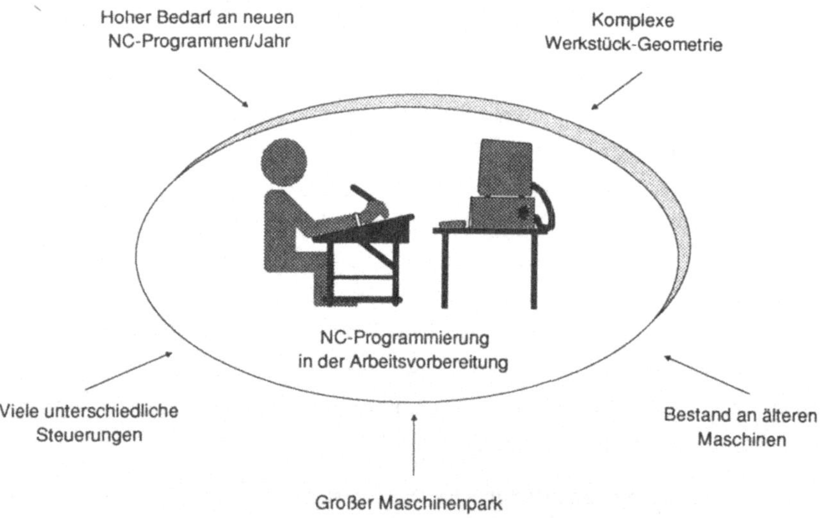

Abb. 2-5:   *Gründe für die NC-Programmierung in der Arbeitsvorbereitung*

Ein vorhandener Maschinenpark mit vielen unterschiedlichen NC-Steuerungen sowie ein Bestand älterer Maschinen, die keine komfortable Werkstattprogrammierung erlauben, erfordert in der Regel eine zentrale NC-Programmierung. Da die werkstattorientierte Programmierung auf der eigentlichen Maschinensteuerung basiert, unterscheiden sich die Benutzeroberflächen von Hersteller zu Hersteller. Grundlage von NC-Programmiersystemen in der Arbeitsvorbereitung ist dagegen die Programmerstellung in einer maschinenunabhängigen Programmiersprache.

Die Fertigung von Werkstücken mit komplexer Geometrie ist ebenfalls ein Kriterium für die NC-Programmierung in der Arbeitsvorbereitung. Bei den meisten zur Zeit eingesetzten maschinennahen Programmiersystemen muß die NC-Geometrie vom Programmierer eingegeben werden. AV-orientierte Programmiersysteme bieten dagegen in der Regel Möglichkeiten der Datenintegration zu den CAD-Systemen der Konstruktion. Darüber hinaus führen komplexe Geometrien zu sehr langen und schwer überschaubaren NC-Programmen.

Ein weiterer Grund für den Einsatz von AV-orientierten NC-Programmiersystemen ist ein hoher Bedarf an neuen NC-Programmen pro Jahr. Der Trend zu kleiner werdenden Losgrößen und zu einer niedrigen Wiederholhäufigkeit der Bauteile führt in diesem Zusammenhang zu einem weiter ansteigenden Bedarf an neuen NC-Programmen.

2.3   Programmtests in der Arbeitsvorbereitung

Die Verfahren zum Test neuer NC-Programme können unterschieden werden in

- maschinenferne Tests und
- Programmtests auf der realen Maschine.

Unter maschinenfernen Testverfahren werden alle Methoden zusammengefaßt, die zum Test eines NC-Programms in der Arbeitsvorbereitung dienen, ohne die reale Maschine zu belasten.

Während Programmtests auf der realen Maschine immer ein Maschinenprogramm nach DIN 66025 voraussetzen, können die Tests in der Arbeitsvorbereitung auch bereits auf der Basis eines CLDATA-Files oder sogar auf der Basis eines NC-Teile-programms in der Sprache des jeweils verwendeten Programmiersystems durchge-führt werden. Es handelt sich dabei z.B. um das Erstellen von Verfahrwegplots oder die Simulation der Maschinenbewegungen auf einem grafikfähigen Bildschirm (Abb. 2-6).

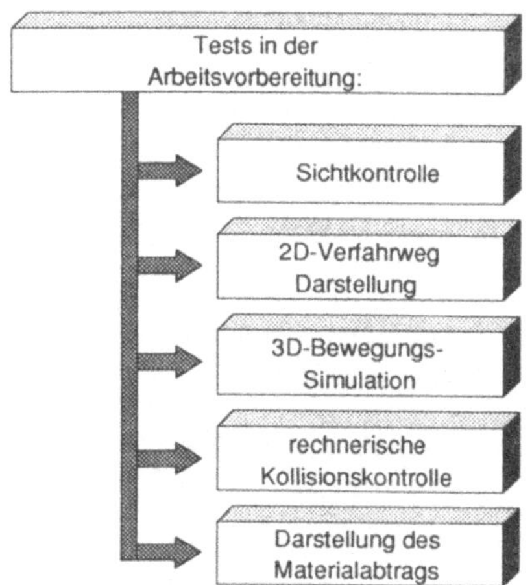

Abb. 2-6:   *Verschiedene Verfahren für Programmtests in der Arbeitsvorberei-tung*

Allen maschinenfernen Programmtests ist gemeinsam, daß das Einfahren des neuen NC-Programms auf der realen Maschine trotz Test nicht vollständig entfallen kann, da technologische Programmfehler, wie das Rattern von Fräsern durch falsche Vor-schubwerte oder instabile Aufspannungen, nicht erkannt werden. Tests, die nicht auf der Basis des Maschinenprogramms nach DIN 66025 erfolgen, bergen zusätzliche Unsicherheiten in sich, da Eigenheiten und Besonderheiten des Post-Prozessors unbe-rücksichtigt bleiben. Darüber hinaus ist der Entwicklungsstand der Testverfahren in der Arbeitsvorbereitung insgesamt noch nicht befriedigend. Die überwiegende Mehr-zahl der heute eingesetzten Testmethoden ist nur für die Darstellung der rotations-symmetrischen Drehbearbeitung oder für die Darstellung von zwei- bzw. 2,5-dimensionalen Bearbeitungen prismatischer Werkstücke geeignet. Eine vollständige Überprüfung von komplexen NC-Programmen für Bearbeitungszentren mit vier oder fünf Achsen ist mit den gegenwärtig verfügbaren Testverfahren nicht sinnvoll möglich.

2.3.1   Sichtkontrolle des erzeugten Maschinenprogramms

Wie bereits erwähnt, erfolgt die NC-Programmerstellung in der Arbeitsvorbereitung in der Regel mit Hilfe eines NC-Programmiersystems, d.h. der NC-Programmierer erstellt zunächst ein Teileprogramm, das anschließend durch Prozessor- und Post-Prozessorlauf in ein Maschinenprogramm umgewandelt wird. Stehen keinerlei grafische Testmethoden zur Verfügung, ist der NC-Programmierer gezwungen, das erstellte Maschinenprogramm Schritt für Schritt zu überprüfen. Dazu kontrolliert der NC-Programmierer die errechneten Maschinenkoordinaten, versucht sich die Maschinenbewegungen vorzustellen und erstellt im Zweifelsfall Skizzen, auf denen er Zwischenpositionen der Maschine einträgt. Dieses Testverfahren ist lediglich geeignet, grobe Programmfehler (z.B. Tippfehler bei der Eingabe der Teilegeometrie) zu erkennen. Darüber hinaus kann dieses Testverfahren lediglich zur Kontrolle von NC-Programmen für einfache, vom NC-Programmierer überschaubare, Teilegeometrien Verwendung finden. Trotz der stark eingeschränkten Aussagefähigkeit dieses Verfahrens findet es mangels alternativer Testmethoden in der Arbeitsvorbereitung nach wie vor in vielen Unternehmen Anwendung.

2.3.2   Zweidimensionale Verfahrwegdarstellung

Bei der Verfahrwegdarstellung werden die Fertigteilkontur und die Bahn des Werkzeugmittelpunkts in zweidimensionalen Ansichten dargestellt (Abb. 2-7). Je nachdem, ob als Ausgabegerät ein Plotter oder ein grafikfähiger Bildschirm verwendet wird, kann zusätzlich die Außenkontur des Werkzeugs sichtbar gemacht werden. Plotterbilder liefern nur eine sehr grobe Aussage über den zurückgelegten Weg des Werkzeugs. Da das Plotterbild nur eine rein statische Darstellungsmethode ist, kann die Reihenfolge der Bearbeitung nicht überprüft werden. Es ist daher durchaus gängige Praxis, daß der NC-Programmierer den Plotvorgang neben dem Plotter stehend beobachtet.

Die Kosten für den Programmtest werden dadurch wesentlich erhöht. Aus diesen Gründen verlieren Verfahrwegplots zunehmend an Bedeutung.

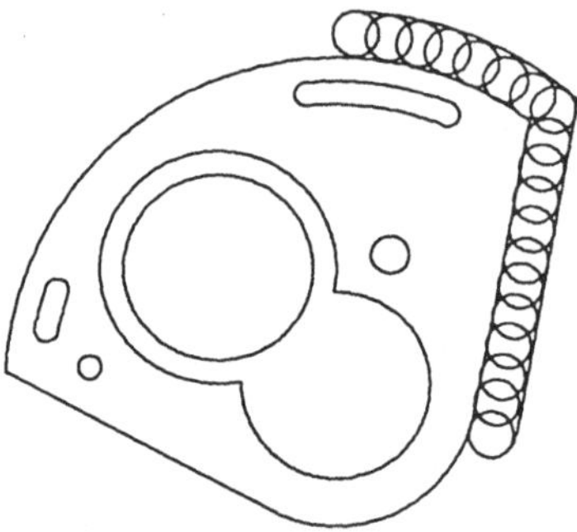

Abb. 2-7:   *2D-Verfahrwegdarstellung*

Eine Alternative zum Plot der Verfahrwege stellt die Darstellung der vom Werkzeug überstrichenen Bahn auf einem grafikfähigen Bildschirm dar. Die Verwendung eines Grafikbildschirms ermöglicht die Visualisierung des Werkzeugdurchmessers zusätzlich zur Bahn des Werkzeugmittelpunkts, sodaß sich eine Hüllkurve des überstrichenen Werkzeugwegs ergibt. Darüber hinaus ist eine synchrone Darstellung in mehreren orthogonalen Ansichten möglich. Dadurch kann der NC-Programmierer sowohl die zu bearbeitende Kontur in der Bearbeitungsebene, als auch die Zustellung des Werkzeugs senkrecht zur Bearbeitungsebene kontrollieren. Je nach Qualität des verwendeten Testverfahrens werden Eilgangbewegungen und Bewegungen im Arbeitsvorschub unterschiedlich dargestellt. In einigen Fällen werden die Werkzeugbewegungen in einem festen Zeitraster angezeigt, d.h. der angewählte Vorschubwert wird in der Simulation berücksichtigt und führt zu unterschiedlich schnellen Werkzeugbewegungen auf dem Bildschirm. Bearbeitungen, die nicht in einer der gewählten Ansichten erfolgen, lassen sich mit Hilfe der zweidimensionalen Verfahrwegdarstellung jedoch nicht kontrollieren [22,23,24].

2.3.3   Dreidimenionale Bewegungssimulation

Bei der Bewegungssimulation findet eine dreidimensionale, grafische Darstellung der Maschinenbewegungen in zeichentrickähnlicher Form statt (Abb. 2-8) [25,26,27,28]. Die Entwicklung von Systemen zur Bewegungssimulation von NC-Maschinen wird von zwei unterschiedlichen Seiten betrieben:

Auf der einen Seite stehen Systeme, die als Weiterentwicklung von Systemen zur Verfahrwegdarstellung betrachtet werden können. Während der Simulation werden Spannsituation, Werkzeug und Maschine dargestellt. Diese Systeme basieren im allgemeinen auf einer preiswerten Rechnerhardware. Bearbeitungsvorgänge können nicht als kontinuierliche Bewegungen dargestellt werden. Vielmehr wird die neue Maschinenposition nur in relativ groben Schritten dargestellt. Ausgangspunkt der Simulation solcher Systeme sind entweder das Teileprogramm im Format des verwendeten NC-Programmiersystems oder ein neutrales Zwischenfile nach CLDATA.

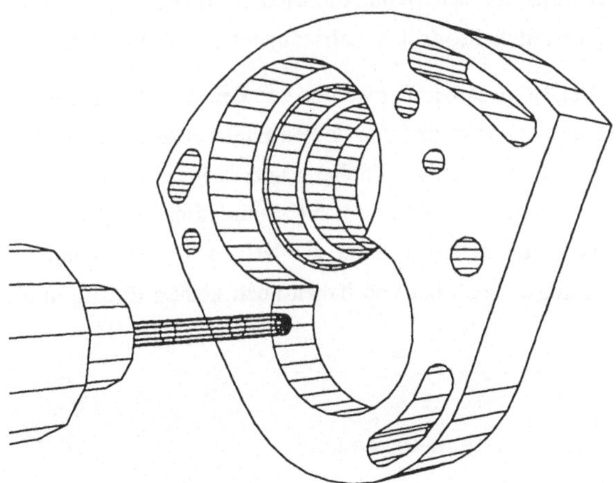

Abb. 2-8:   *3D-Bewegungssimulation*

Auf der anderen Seite stehen Systeme, die auf den Ansätzen beruhen, die zunächst für die Simulation und zur Offline-Programmierung von Industrierobotern entwickelt wurden [29,30]. In diesem Bereich erreichten sie einen hohen Entwicklungsstand und eine große Marktpräsenz. Die neue Roboterposition wird mehrfach pro Sekunde auf einem grafikfähigen Bildschirm dargestellt, um einen kontinuierlichen Bewegungsablauf zu erzeugen. Daher werden Systeme zur Robotersimulation in der Regel auf Kleinrechnern mit leistungsfähiger Grafik realisiert. Auf dem Markt verfügbar sind sowohl Systeme, die auf einer neutralen Programmiersprache basieren, als auch Systeme, die die Maschinensprache des eingesetzten Roboters interpretieren.

Für eine genaue und realistische Simulation der NC-Bearbeitung muß das reale Maschinenprogramm simuliert werden, das neben den reinen Bewegungsanweisungen, die dem normierten Format gemäß DIN 66025 entsprechen, auch steuerungsspezifische Befehle (z.B. Zyklen und Werkzeugwechselbefehle) beinhaltet. Die Simulation realer Maschinenprogramme erfordert daher die Nachbildung des realen Steuerungsverhaltens in der Simulation. Die Steuerungsnachbildung muß den gesamten Befehlsvorrat der realen Steuerung mit Unterprogrammen, Zyklen, und Rechenfunktionen umfassen. Die Integration des Simulationssystems in die Arbeitsvorbereitung und die automatische Übernahme der Geometriedaten von Werkstück, Spannmitteln und Werkzeugen sind zusätzliche, noch unbefriedigend gelöste Probleme.

Zur Simulation der NC-Bearbeitung werden zur Zeit sowohl Systeme entwickelt, die in ein CAD-System integriert sind und dessen Funktionalität hinsichtlich der Geometriemodellierung und Kinematikhandhabung nutzen [31], als auch eigenständige Systeme, die speziell an die Aufgaben der NC-Simulation angepaßt werden [32]. Aus den genannten Gründen stellen Systeme zur NC-Bewegungssimulation jedoch nach wie vor Entwicklungsobjekte dar und haben noch keinen Einzug in die betriebliche Praxis gefunden.

2.3.4 Rechnerische Kollisionserkennung

Ziel der maschinenfernen Testmethoden ist die Erkennung von geometrischen Programmfehlern und die Vermeidung von Kollisionen während der Bearbeitung. Zum Erkennen von Kollisionen und geometrischen Programmfehlern stehen folgende Verfahren zur Verfügung:

– Die visuelle Kollisionskontrolle,

– die rechnerische Kollisonserkennung auf der Basis einfacher Hüllkörper und

– die rechnerische Kollisionserkennung auf der Basis der realen Bauteilgeometrien.

Bei einer reinen Visualisierung der Werkzeug- und Maschinenbewegungen am Bildschirm muß der Systemanwender die Grafik beobachten und ohne Systemunterstützung feststellen, ob Kollisionen auftreten. Die Qualität der Kollisionsprüfung hängt damit stark von der Aufmerksamkeit des Systembedieners ab. Dies stellt insbesondere bei der Simulation komplexer Programme mit langen Maschinenlaufzeiten ein Problem dar.

Bei der rechnerischen Kollisonserkennung auf der Basis einfacher Hüllkörper werden der Arbeitsraum der Maschine, das Werkstück und alle zur Aufspannung gehörenden Spannelemente durch einfache Regelgeometrien umschrieben. Während der Darstellung der Maschinenbewegungen kann nun eine einfache geometrische Kollisionskontrolle durchgeführt werden. Um keine Kollisionen zu übersehen, müssen die Hüllkörper jeweils das gesamte Bauteil umschreiben. Das Volumen der Hüllkörper ist somit immer größer als das Volumen des umschriebenen Körpers. Daher ist dieses Verfahren nur für relativ grobe Betrachtungen geeignet. Kleinräumige Bearbeitungen (z.B. das Bohren mit geringem Abstand zum nächsten Spannmittel oder die Doppelschlittenbearbeitung auf modernen Drehmaschinen) lassen sich nur schwer überprüfen. Zwischen den umschreibenden Hüllkörpern treten bereits Durchdringungen auf, ohne daß die exakten Außenkonturen der beiden gefährdeten Körper miteinander kollidieren. Darüber hinaus stellt die Definition der umschreibenden Kollisionsräume einen zusätzlichen Testaufwand in der Arbeitsvorbereitung dar [33].

Die automatische Kollisionserkennung auf der Basis der realen Bauteilgeometrien erfordert einen hohen Rechenaufwand. Darüber hinaus setzt sie die Existenz von CAD-Modellen von Maschine, Werkstück, Spannelementen und Werkzeug voraus. Diese Voraussetzungen sind in der industriellen Praxis bislang jedoch nur selten gegeben. Aus diesen Gründen haben Verfahren zur automatischen Kollisionserkennung noch keine weite Verbreitung gefunden.

2.3.5 Darstellung des Materialabtrags

Eine vollständige Kollisionserkennung setzt die Berücksichtigung der Geometrieänderung des Werkstücks während der NC-Bearbeitung voraus. So ist es z.B. wichtig, daß eine Bohrung vorgebohrt wurde, bevor ein Schaftfräser eintaucht, um den endgültigen Bohrungsdurchmesser herzustellen. Die Berücksichtigung des Materialabtrags ermöglicht daher über die reine Kollisionsfreiheit hinaus eine Aussage über die Korrektheit der Bearbeitungsreihenfolge.

Bei der Drehbearbeitung ist die Darstellung des Materialabtrags bereits heute Stand der Technik. Da es sich um rotationssymmetrische Bauteile handelt, reduziert sich die Berechnung des Materialabtrags auf ein zweidimensionales Problem. Für die Lösung dieses Problems stehen leistungsfähige Algorithmen zur Verfügung. Die allgemeine Bohr- und Fräsbearbeitung in vier oder fünf Achsen erfordert andere Rechenverfahren. An verschiedenen Forschungsinstituten stehen unterschiedliche Verfahren zur Verfügung. Ihre Komplexität und der damit verbundene Rechenaufwand haben jedoch bislang einen Einzug in die Arbeitsvorbereitung der Unternehmen verhindert [34]. Darüber hinaus gilt für die Berechnung des Materialabtrags das gleiche wie für eine rechnerische Kollisionskontrolle: Alle an der Bearbeitungsaufgabe beteiligten Komponenten müssen als 3D-CAD-Modelle vorliegen.

2.4 Programmtests auf der realen Maschine

In der Arbeitsvorbereitung können lediglich geometrische Programmfehler gefunden und behoben werden. Technologische Fehler, wie falsche Vorschubwerte, können dagegen nicht erkannt werden. Darüber hinaus gibt es Fehler, deren Ursache nicht in der NC-Programmierung, sondern in der Fertigung selbst liegen. Kein Testverfahren in der Arbeitsvorbereitung kann eine fehlerhafte Werkzeugvoreinstellung oder unkorrekte Aufspannungen der Bauteile berücksichtigen. Daher müssen neue NC-Programme immer auch noch auf der realen Maschine getestet werden. Der Programmtest auf der realen Maschine wird auch als "Einfahren" bezeichnet. Je nachdem, ob das Werkstück aufgespannt, die Werkzeuge eingewechselt, die Maschine im Einzelsatz oder kontinuierlichem Betrieb betrieben wird, können verschiedene Tests unterschieden werden (Abb. 2-9). Unabhängig vom verwendeten Testverfahren führen alle Programmtests auf der realen Maschine zu einer unproduktiven Belegung des Fertigungsmittels. Sie verursachen Kosten durch Maschinenstillstandszeiten und führen zu einem Kapazitätsverlust.

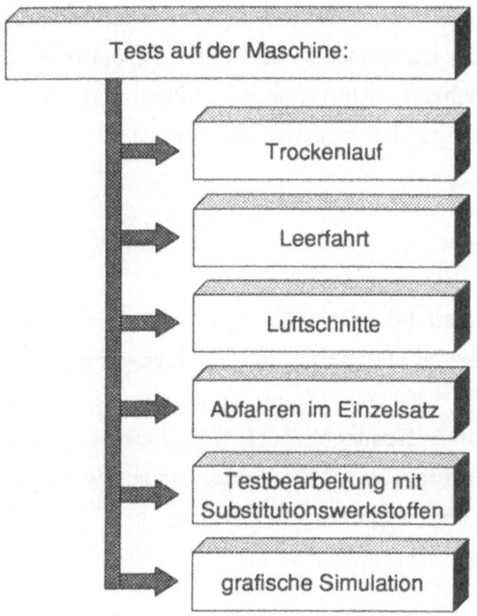

Abb. 2-9:   *Verschiedene Verfahren für Programmtests auf der realen Maschine*

2.4.1   "Trockenlauf"

Beim Trockenlauf wird das NC-Programm in die Steuerung geladen und im Testmodus ausgeführt. Im Testmodus werden Schaltfunktionen und Sollwerte auf der Steuerung angezeigt, ohne daß die berechneten Achswerte in Maschinenbewegungen umgesetzt werden. Im Testmodus kann die Syntax des NC-Programms getestet werden. Darüber hinaus wird überprüft, ob die im Programm angegeben Verfahrwege die Grenzen des Bewegungsbereichs überschreiten. Der Trockenlauf ist ein sehr grober Test, da der Maschinenbediener die auf der Steuerung angegeben Maschinenkoordinaten in Maschinenbewegungen umrechnen muß. Er wird daher selten angewandt.

2.4.2 "Leerfahrt"

Unter Leerfahrt wird das Abfahren eines NC-Programms ohne Werkzeuge und ohne Werkstück verstanden. Die Maschinenbewegungen werden originalgetreu ausgeführt. Da sich die Palette mit dem Werkstück nicht im Maschinenraum befindet und das Werkzeugmagazin leer ist, können keine Kollisionen auftreten. Der Maschinenbediener hat so die Möglichkeit, sich das neue NC-Programm zunächst einmal gefahrlos anzusehen, bevor die eigentliche Bearbeitung beginnt.

2.4.3 "Luftschnitte"

Eine Variation der Leerfahrt stellen die sogenannten Luftschnitte dar. Im Gegensatz zur Leerfahrt wird das NC-Programm mit Werkzeugen ausgeführt. Weder Aufspannung noch Werkstück befinden sich im Arbeitsraum. Damit sind Kollisionen zwischen Werkzeug und Aufspannung oder Werkstück ausgeschlossen. Der NC-Programmierer kann so überprüfen, ob die Werkzeuge korrekt eingewechselt wurden und jeweils die richtigen Werkzeuge eingewechselt werden.

2.4.4 Abfahren des NC-Programms im Einzelsatzbetrieb

Alle bislang erläuterten Tests benötigen die gesamte Programmlaufzeit. Die Aussagen sind jedoch begrenzt. Die Tests werden daher vorwiegend für die Kontrolle von NC-Programmen eingesetzt, die manuell auf der Basis von DIN 66025 erstellt wurden. Bei der werkstattorientierten Programmerstellung an modernen Steuerungen oder Programmierplätzen sind jedoch weder syntaktische Fehler, noch Überschreitungen der Arbeitsraumgrenzen möglich, da ungültige Angaben in aller Regel schon bei der Eingabe erkannt werden. Das gleiche gilt für die Programmerstellung in der Arbeitsvorbereitung, da das eigentliche Maschinenprogramm automatisch mit Hilfe des Post-Prozessors auf der Basis des CLDATA-Files erzeugt wird. Für nicht manuell erstellte Programme finden daher Methoden Anwendung, bei denen das NC-Programm in der realen Umgebung von Aufspannung, Werkstück und Werkzeug getestet wird.

Das am häufigsten eingesetzte Testverfahren ist das satzweise Abfahren des neuen

NC-Programms mit vermindertem Vorschub (Abb. 2-10). Sowohl Werkstück als auch Werkzeuge befinden sich im Arbeitsraum. Dies hat zur Folge, daß fehlerhafte Koordinaten im NC-Programm zu Kollisionen zwischen Werkstück und Werkzeug führen können. Der Maschinenbediener muß also den angegebenen Vorschub so weit reduzieren, daß er jederzeit in der Lage ist, die Maschine zum Stillstand zu bringen. Dies gilt insbesondere für alle Maschinenbewegungen, die im Eilgang ausgeführt werden, und Maschinenbewegungen, die im Zusammenhang mit Werkzeugwechseln stehen.

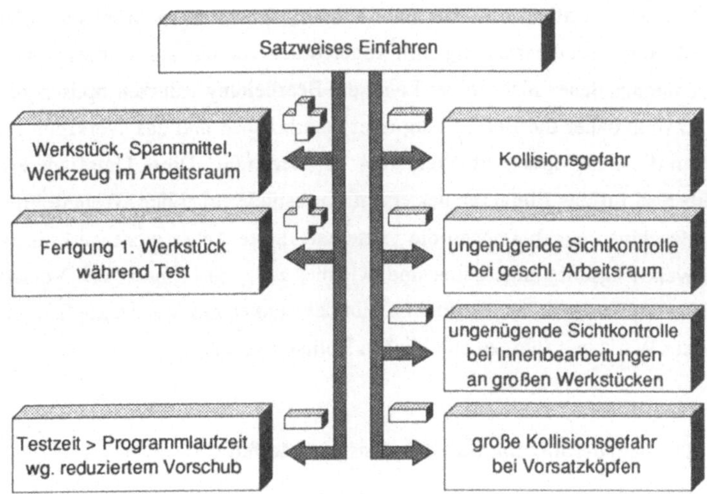

Abb. 2-10:   Vor- und Nachteile des satzweisen Einfahrens auf der Maschine

Der große Vorteil dieses Tests liegt darin, daß während des Testlaufs bereits das erste Werkstück hergestellt wird. Darüber hinaus kann der Maschinenbediener die Bearbeitung an beliebigen Stellen unterbrechen, das Werkzeug vom Werkstück zurückfahren und die zuletzt ausgeführte Schnittbewegung am Werkstück nachmessen. Dies erfolgt z.B. beim Anfräsen großer Flächen. Hier wird zunächst die im NC-Programm angegebene z-Koordinate angefahren und anschließend lediglich ein kleiner Teil der zu bearbeitenden Fläche gefräst. Anschließend wird das Maß am Werkstück kontrolliert. Bei Fehlern kann der Maschinenbediener den im Programm angegebenen z-Wert entsprechend verändern. Das gleiche Verfahren wird bei der Bearbeitung von Bohrungen mit Hilfe von einstellbaren Werkzeugen (Bohrstangen) angewendet.

Ein weiterer Vorteil liegt darin, daß die im NC-Programm angegebenen Technologieparameter wie Schnittwerte und Vorschübe optimiert werden können. Der Maschinenbediener ist z.B. in der Lage, ausgehend vom erzeugten Schnittbild und Rattergeräuschen Instabilitäten der Aufspannung zu erkennen und gegebenenfalls den Vorschub zu ändern.

Probleme treten vor allem bei Maschinen mit abgeschlossenem Arbeitsraum, großen Werkstücken und bei Bearbeitungen im Inneren des Rohteils auf. In diesen Fällen ist der Maschinenbediener nicht in der Lage, die Bearbeitung jederzeit optisch zu überprüfen. Er muß daher die Bearbeitung öfter unterbrechen und das Werkzeug zurückfahren, um die Bearbeitung am Werkstück zu überprüfen. Diese Umstände erhöhen den Zeitbedarf für das Einfahren des ersten Werkstücks erheblich. Weitere Probleme werfen Maschinen auf, bei denen die vierte und fünfte Achse nicht werkstückseitig, sondern werkzeugseitig angeordnet sind, wie dies z.B. beim Einsatz von Vorsatzköpfen von Portalfräsmaschinen der Fall ist. Ein Schwenken des Vorsatzkopfs mit eingewechseltem Werkzeug führt zu erheblichen Kollisionsgefahren.

2.4.5   Testbearbeitung mit Substitutionswerkstoffen

Aufgrund der beim Einfahren bestehenden Kollisionsgefahren kann das neue NC-Programm bei der Bearbeitung teurer Halbfertigteile (große Bauteile aus speziellen Legierungen; hohe Wertsteigerung durch vorausgegangene Bearbeitungskosten) zunächst mit sogenannten Substitutionswerkstoffen getestet werden. Es handelt sich dabei um Bauteile ähnlicher Form aus weicheren Materialien, z.B. spezielle Faserverbundwerkstoffe. Die Fertigung mit billigeren und weicheren Materialien verhindert vor allem, daß beim Auftreten von Programmfehlern das Rohteil zerstört wird. Darüber hinaus führen Programmfehler nicht sofort zum Werkzeugausfall oder Maschinenschäden.

2.4.6   Grafische Simulation der NC-Bearbeitung auf der Maschinensteuerung

Im Rahmen des Forschungsprojekts "Werkstattorientierte Programmiermethoden" wurden grafische Benutzeroberflächen für Maschinensteuerungen entwickelt, auf denen die Bearbeitung dargestellt werden kann [35]. Es handelt sich hierbei um den Versuch, die Leistungsfähigkeit von Simulationssystemen in der Arbeitsvorbereitung auch für die Maschinensteuerung verfügbar zu machen. Der Vorteil dieses Verfahrens liegt darin, daß der Maschinenbediener die Möglichkeit hat, die Bearbeitung zunächst in der Simulation zu sehen, bevor er mit dem eigentlichen Einfahrvorgang beginnt. Er kann somit kritische Bearbeitungsfolgen im Voraus erkennen und Zeitpunkte bestimmen, an denen er die Bearbeitung unterbricht, um Werkstückabmessungen nachzumessen.

Einen weiteren systembedingten Vorteil stellt die Tatsache dar, daß keine eventuell fehlerhafte softwaremäßige Steuerungsnachbildung, sondern der steuerungsinterne Interpolator verwendet wird. Die in der Simulation dargestellten Maschinenkonfigurationen entsprechen daher immer den tatsächlichen Achswerten. Maschinenspezifische Zyklen, Unterprogramme und spezielle Algorithmen werden von der Steuerung selbst behandelt.

Derartige Steuerungen finden heute bereits an Drehmaschinen Anwendung. Aus Kostengründen werden allerdings im allgemeinen noch keine leistungsfähigen 3D-Grafikeinheiten in den Steuerungen eingesetzt. In der Regel handelt es sich daher um zweidimensionale Schnittbilder. Je nach Ausbaustufe der Simulation werden nur das Werkstück und die Werkzeugwege oder der komplette Arbeitsraum der Maschine mit Werkstück, Spannfutter und Werkzeugen dargestellt.

Wie bereits erwähnt ist bei der Drehbearbeitung auch die Darstellung der Geometrieveränderung während der Bearbeitung gelöst. Die Simulation des Materialabtrags erfolgt in der Regel rein auf Bildschirmniveau, d.h. der vom Werkzeug überstrichene Bereich wird unterschiedlich eingefärbt [36]. Es erfolgt daher keine echte Berechnung eines neuen Geometriemodells des Werkstücks durch Volumensubtraktion. Die realisierten Ansätze sind daher nur für einfache Zwei-Achs-Drehbearbeitungen und einfache Bohr- und Fräsoperationen (2,5D-Problem) einsetzbar.

3. Anforderungen an ein NC-Simulationssystem

3.1 Anforderungen an die Modellbildung

Ziel des Einsatzes eines NC-Simulationssystems ist die Reduzierung des Zeitaufwands für das Einfahren neuer Programme auf der realen Maschine durch eine Verbesserung der Programmqualität in der Arbeitsvorbereitung. Um dieses Ziel zu erreichen, sollen die neu erstellten Programme noch in der Arbeitsvorbereitung simuliert werden. Das Simulationssystem muß geeignet sein, alle geometrischen Fehler zu erkennen.

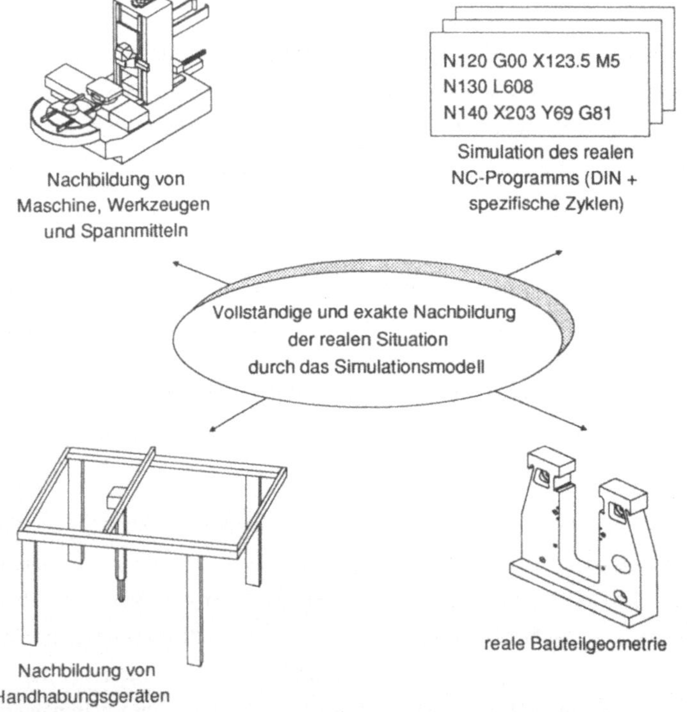

Abb. 3-1:   Komponenten einer vollständigen Simulation der NC-Bearbeitung

Damit alle geometrischen Fehler während eines Simulationslaufs erkannt werden können, ist eine möglichst realitätsnahe Simulation der gesamten Fertigungssituation notwendig (Abb. 3-1). Dies bedeutet, daß alle an der Bearbeitung beteiligten Komponenten (Maschine, Spannvorrichtungen, Werkzeuge und Werkstück) vollständig und exakt nachgebildet werden. Eine Nachbildung der gesamten Maschine schließt auch Werkzeugwechselsystem und Peripheriekomponenten mit ein. So ist es z.B. von wesentlicher Bedeutung, ob die Maschine ein mitbewegtes oder feststehendes Werkzeugmagazin hat. Bei mitbewegten Werkzeugmagazinen muß der Programmierer durch Einfügen zusätzlicher NC-Sätze dafür sorgen, daß während des Werkzeugwechsels keine Kollision zwischen bewegtem Werkzeug und Werkstück, bzw. Spannelementen, auftritt. Bei modernen flexiblen Fertigungssystemen für große Palettenabmessungen werden z.T. Portallader zum Werkzeugwechsel eingesetzt, die in den Arbeitsraum der Maschine einfahren. Da solche Handhabungsvorgänge sehr große Kollisionsgefahren in sich bergen, muß ein leistungsfähiges Simulationssystem in der Lage sein, auch die Bewegungen von Peripheriekomponenten zu simulieren.

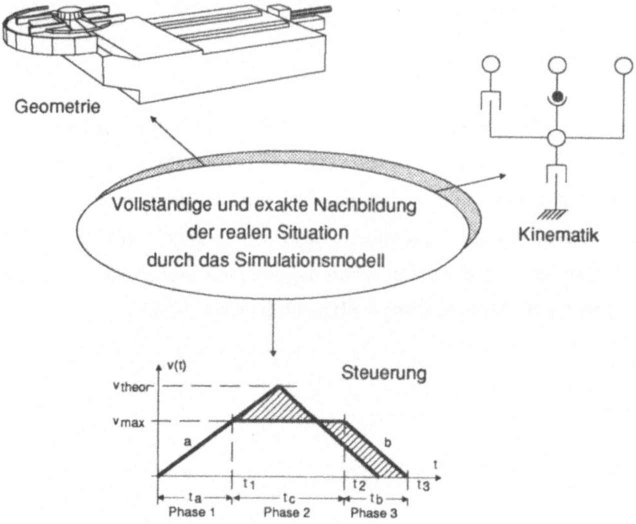

Abb. 3-2:   *Nachbildung einer Maschine in Geometrie, Kinematik und Steuerung*

Bei der Nachbildung der an der Simulation beteiligten Komponenten wird zwischen der Darstellung der Objektgeometrie, der Nachbildung der Kinematik und der Nachbildung des Steuerungsverhaltens unterschieden (Abb. 3-2). Eine exakte Modellbildung in der Simulation umfaßt die realitätsnahe Nachbildung aller drei Aspekte.

Eine weitere Forderung, die sich aus der Bedingung "Realitätsnähe" ergibt, ist die Simulation exakt jenes Maschinenprogramms, das per Lochstreifen oder DNC-Ankopplung in die Maschine geladen wird. Je nachdem, ob der eingesetzte Post-Prozessor Bearbeitungszyklen in Standard-NC-Sätze auflöst (G00, G01, G02) oder maschinenspezifische Unterprogrammaufrufe erzeugt (L87), können, ausgehend von gleichen CLDATA-Code, unterschiedliche Steuerfiles entstehen. Da moderne Steuerungen vermehrt intelligente Zyklen anbieten, wird der Anteil an steuerungsspezifischen, parameterbehafteten Unterprogrammen weiter steigen. Ein leistungsfähiges Simulationssystem muß daher in der Lage sein, nicht nur die Standardbefehle nach DIN 66025 zu interpretieren, sondern auch alle maschinenspezifischen Unterprogramme und Zyklen.

3.1.1 Geometrie

Zur Modellierung der Objektgeometrien aller an der Simulation beteiligten Komponenten wird mit Hilfe eines beliebigen konventionellen 3D-CAD-Systems ein Modell des Objekts erstellt. Im zu entwickelnden NC-Simulationssystem sind daher Schnittstellen vorzusehen, die die Datenübernahme aus unterschiedlichen CAD-Systemen erlauben. Zur Erstellung einer "simulationsgerechten Geometrie" sind verschiedene Anforderungen an die Modellierung zu beachten (Abb. 3-3).

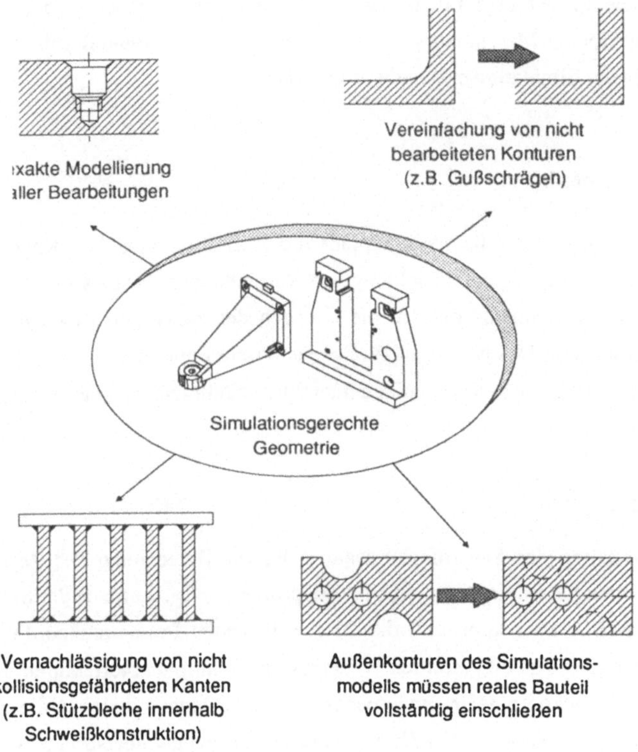

Abb. 3-3:   *Anforderungen an eine simulationsgerechte Geometriemodellierung*

Zum einen müssen die CAD-Modelle alle Bearbeitungen (Bohrungslöcher, Taschen, Fräsflächen, etc.) enthalten, die während des zu simulierenden NC-Programms durchgeführt werden. Zum anderen sollte die Komplexität des Modells so gering wie möglich gehalten werden, um die Darstellung während der grafischen Simulation zu vereinfachen und übersichtlich zu halten. Komplexe Gußoberflächen können daher in den meisten Fällen durch einfachere Regelgeometrien angenähert werden. Gußrippen, die sich innerhalb des Bauteils oder an einer Seite befinden, an der weder eine Bearbeitung noch eine Spanneinheit vorgesehen ist, können vernachlässigt werden. Bei Vereinfachungen in der Modellierung ist jedoch immer darauf zu achten, daß das Simulationsmodell das reale Bauteil vollständig umschließt, d.h. das Simulationsmodell ist immer größer als das reale Bauteil. Durch dieses Vorgehen wird gewährleistet, daß auf der realen Maschinen keine Kollisionen mit dem Bauteil auftreten können, die nicht in der Simulation erkannt worden wären.

3.1.2 Kinematik

Die Nachbildung der Kinematik umfaßt die Definition von Art (Rotations- oder Translationsachse), Lage und Richtung von Verbindungsachsen zwischen zwei Komponenten. Darüber hinaus müssen die Grenzen des zulässigen Bewegungsbereichs angegeben werden. Das NC-Simulationssystem muß Funktionen zur Verfügung stellen, mit deren Hilfe neue Kinematiken interaktiv erstellt und geändert werden können.

3.1.3 Steuerung

Die Nachbildung des Steuerungsverhaltens ist zur Berechnung des Zeitverhaltens einer Bewegung aus einer Start- in eine Zielposition nötig. Aufgabe der Steuerung ist es, einen NC-Satz zu lesen und die darin enthaltenen Programmkoordinaten unter Berücksichtigung von eingestellten Werkzeug- und Nullpunktkorrekturen in anzufahrende Maschinenkoordinaten umzurechnen. Darüber hinaus definiert die Steuerung, welche Zwischenpositionen bei der angegebenen Bewegung überstrichen werden. Die Verwendung des Maschinenprogramms nach DIN 66025 als Eingangsdaten für die Simulation erfordert daher die Einbindung der originalen Steuerungsalgorithmen oder aber zumindest deren korrekte softwaremäßige Nachbildung. Für jede Maschine muß deren spezielle Steuerung nachgebildet werden. Sonderfunktionen, wie z.B. der Werkzeugwechsel müssen jeweils spezifisch nachgebildet werden. Bei der Realisierung des NC-Simulationssystems sind daher Schnittstellen festzulegen, die die Anbindung unterschiedlicher Steuerungsbausteine an ein steuerungsneutrales Simulationsprogramm erlauben.

3.2 Anforderungen an die Grafik

Ziel der grafischen NC-Simulation ist das Erkennen von Programmfehlern. In erster Linie handelt es sich dabei um Kollisionen zwischen Werkzeug und Spannmittel, bzw. um Kollisionen zwischen Werkzeugaufnahme und dem Werkstück. Die bei den meisten heute handelsüblichen Systemen gebräuchlichen Darstellungen in Grund-, Auf- und Seitenriß reichen in der Regel nicht aus, um einen vollständigen Eindruck von der NC-Bearbeitung zu erhalten. Komplizierte Bearbeitungsvorgänge können in zweidimensionalen Ansichten nur ungenügend dargestellt werden. Daher ist es nötig, leistungsfähige Grafiksysteme einzusetzen, die eine beliebige Drehung oder Verschiebung der betrachteten Szenerie erlauben.

3.2.1 Schnelle Blickwinkeländerungen

Durch die Projektion der 3D-Szenerie auf die 2D-Bildebene geht die Tiefeninformation verloren. Dieser Nachteil kann durch die Möglichkeit, sehr schnell neue Blickwinkel anzuwählen, aufgehoben werden. Ein weiteres Mittel, den Tiefeneindruck zu verbessern, stellt die Anwendung der Zentralprojektion anstelle der sonst üblichen Parallelprojektion dar. Moderne Grafikrechner bieten darüber hinaus die Möglichkeit einer schnellen Vergrößerung oder Verkleinerung des Bildausschnitts. Durch diese "Zoom"-Funktion können kritische Bearbeitungen unter sehr großer Vergrößerung betrachtet werden. Ein schneller Wechsel des Bildausschnitts ist zudem Voraussetzung für die grafische Überprüfung der Bearbeitung großer Bauteile. Lange Verfahrwege zwischen Bearbeitungen an unterschiedlichen Stellen des Bauteils können in ihrer Gesamtheit überprüft werden, während bei der Kontrolle der Bearbeitungen selbst ein kleiner Ausschnitt mit größerer Vergrößerung gewählt wird.

3.2.2 Drahtmodelle und schattierte Darstellungen

Die Simulation kann auf der Basis der Drahtmodelle oder auf der Basis von Flächenmodellen erfolgen.

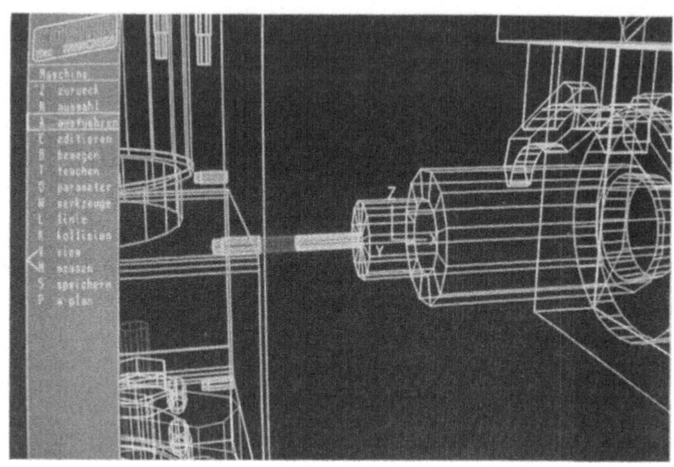

Abb. 3-4:   *Simulation der NC-Bearbeitung als Drahtmodell*

Bei der Darstellung als Drahtmodell (Abb. 3-4) werden lediglich alle Kanten der darzustellenden Objekte abgebildet. Der Vorteil dieser Darstellungsart liegt darin, daß die Objekte gleichsam "durchsichtig" sind. Dadurch können z.B. Innenbearbeitungen an Gehäusen oder sonstigen abgeschlossenen Bauteilen einfach überprüft werden. Darüber hinaus kann die Tiefe einer Bohroperation sehr gut überprüft werden. Der Nachteil der Darstellung als Drahtmodell liegt in der großen Anzahl von Linien am Bildschirm, die sich durch die Überlagerung von Maschinenteilen, Spannmitteln und Werkstück ergibt. Die Zuordnung der unterschiedlichen Kanten zu den einzelnen Objekten erfordert vom Systemanwender Erfahrung im Umgang mit Vektorgrafiken.

Bei der Darstellung als Flächenmodell (Abb. 3-5) werden vom Grafikrechner alle Oberflächen der Objekte farblich ausgefüllt. Dadurch ergibt sich eine realistischer 3D-Eindruck; die Objekte sind nicht länger durchsichtig. Die näher am Beobachterstandpunkt liegenden Objekte verdecken die dahinter liegenden Objekte. Dadurch ist eine eindeutige Tiefenzuordnung gegeben. Der Rechenaufwand für die Darstellung in schattierten Modellen steigt gegenüber der Darstellung als Drahtmodell um ein Vielfaches.

Abb. 3-5:   Simulation der NC-Bearbeitung in schattierten Darstellungen

Moderne, leistungsfähige Grafikrechner auf der Basis von UNIX-Workstations sind in der Lage, ca. 1 Million Vektoren oder 100.000 Polygone pro Sekunde darzustellen. Da für die Simulation einer fließenden Bewegung mindestens 20 Bilder pro Sekunde dargestellt werden müssen, können die Simulationsmodelle nur 50.000 Vektoren oder 5.000 Polygone beinhalten. Bei Verwendung größerer Simulationsmodelle reduziert sich die Bildwechselfrequenz und Modelländerungen können nicht mehr als fließende Bewegungen dargestellt werden.

Da die Visualisierung als Volumenmodell nicht in jedem Fall der Darstellung als Drahtmodell überlegen ist, muß der Systembediener die Darstellungsart für die unterschiedlichen Objekte während der Simulation beeinflussen können. Es bietet sich zum Beispiel an, Maschine und Spannmittel schattiert darzustellen, während das Bauteil als Drahtmodell gezeigt wird.

3.2.3   Anzeige des NC-Programms

Um kritische Bearbeitungssequenzen mehrfach aus verschiedenen Blickwinkeln betrachten zu können, muß es möglich sein, das NC-Programm satzweise oder kontinuierlich abzufahren. Zusätzlich muß die Möglichkeit gegeben sein, bestimmte Programmsätze des NC-Programms anzuwählen, um den folgenden Programmblock wiederholt zu simulieren. Daher sollte das Maschinenprogramm, analog dem Bedienfeld der realen Maschinensteuerung, parallel zur grafischen Simulation der NC-Bearbeitung angezeigt werden. Nur auf diese Weise ist eine einfache und eindeutige Zuordnung von fehlerhaften Werkzeugbewegungen zu NC-Programmsätzen gewährleistet. Die Anzeige des Programmtexts kann auf einem separaten, alphanumerischen Bildschirm oder in einem kleineren Textfenster innerhalb des Grafikschirms erfolgen.

3.2.4 Zeitraffer

Ein leistungsfähiges NC-Simulationssystem muß es erlauben, die Programmausführung auch während einer Bewegung zu jedem beliebigen Zeitpunkt zu unterbrechen, um kollisionsgefährdete Bewegungszyklen genauer zu untersuchen.

Ein Problem der NC-Simulation stellt der Zeitaufwand für das Durchführen des Simulationslaufs dar. Der wirtschaftliche Vorteil der NC-Simulation, nämlich die Verringerung der Einfahrzeiten auf der realen Maschine, wird durch die Kosten für die Durchführung der NC-Simulation in Frage gestellt, wenn der NC-Programmierer das gesamte Programm am grafischen Arbeitsplatz überprüfen muß. Findet die Simulation "nur" in Echtzeit statt, muß für die Durchführung der Simulation die gesamte Programmlaufzeit aufgewendet werden. Spätestens bei NC-Programmen mit Laufzeiten von mehreren Stunden ist hier eine natürliche Grenze gesetzt. Das Simulationssystem muß daher in der Lage sein, die NC-Bearbeitung beschleunigt darzustellen, um auch lange NC-Programme mit einem überschaubaren Aufwand zu testen. Eine Beschleunigung der Simulation ist vor allem bei unkritischen, großflächigen Fräsoperationen, die mit geringem Vorschub durchgeführt werden, sinnvoll. Sobald die korrekte Zustelltiefe erreicht ist und überprüft wurde, daß keine Spannmittel in die zu fräsende Fläche hinein ragen, kann die Simulation der Bearbeitung beschleunigt ablaufen. Auf der anderen Seite müssen Eilgangbewegungen oder komplizierte, kleinräumige Bearbeitungen unter Umständen verlangsamt dargestellt werden. Der Systembediener muß daher die Möglichkeit haben, die Darstellungsgeschwindigkeit während des Simulationslaufs beliebig zu verändern.

3.3 Kollisionskontrolle und Batch-Job

Eine rein visuelle Überprüfung des NC-Programms birgt die Gefahr, daß der Systembediener einen Programmfehler übersieht, der dann beim Einfahren auf der realen
Maschine zu einer Kollision führt. Aus diesem Grund muß ein leistungsfähiges NC-
Simulationssystem die Möglichkeit einer rechnerischen Kollisionskontrolle beinhalten.

Da eine vollständige rechnerische Kollisionskontrolle sehr rechenzeitaufwendig ist,
steigt der Zeitaufwand für die Durchführung des grafisch-interaktiven Simulationslaufs. Eine Abhilfe bietet die Kollisionsüberwachung im sogenannten "Batch-Job".
Der NC-Programmierer startet einen automatischen Simulationslauf, der ohne Benut-
zerinteraktionen und ohne grafische Ausgabe sozusagen im Hintergrund des Rechners
stattfindet.

3.3.1 Kollisionskontrolle

Alle an der Fertigungsaufgabe beteiligten Maschinenteile, alle Spannmittel, das
Werkstück und die Werkzeuge sind voneinander unabhängige Geometrieobjekte.
Während der NC-Bearbeitung gibt es eine Reihe möglicher Kollisionspaarungen, d.h.
Objekte, die miteinander kollidieren können. Es handelt sich dabei z.B. um Paarungen
zwischen Werkzeug und Spannmittel sowie zwischen Maschinenteil und Spannmittel.
Theoretisch müßte für jede denkbare Paarung zweier Objekte ein Kollisionstest
durchgeführt werden. Bei n Objekten müßten daher n! Kollisionspaarungen überprüft
werden (Bei n=20 Objekten ergeben sich bereits mehr als $2.4*10^{18}$ Kollisionstests).
Eine Kollision zwischen zwei unterschiedlichen Spannmitteln ist in der Regel jedoch
nicht möglich, da beide Elemente auf der gleichen Palette festgeschraubt sind, zwischen beiden Spannmittel also kein Bewegungs-Freiheitsgrad besteht. Es lassen sich
daher Gruppen von Objekten bilden, die untereinander nicht miteinander kollidieren
können. Bei der Durchführung des Kollisionstests müssen nun nur noch alle Objekte
der ersten Gruppe mit allen Objekten aller anderen Gruppen auf Kollision überprüft

werden. Im einfachsten Falls der Aufteilung der oben genannten 20 Objekte in zwei Gruppen á 10 Objekte ergeben sich damit nur noch 10*10 = 100 Kollisionstests. Selbst nach Anwendung solcher übergeordneter Strategien müssen also nach jeder neuen Maschinenposition 100 Kollisionsberechnungen durchgeführt werden. Da bei einer Echtzeit-Simulation 20 Bilder pro Sekunde dargestellt werden, d.h. 20 neue Maschinenpositionen pro Sekunde berechnet werden, müssen 2000 Kollisionstest pro Sekunde durchgeführt werden. Dies stellt eine sehr große Anforderung an die Qualität des Kollisionsalgorithmus' dar.

3.3.2 Batch-Job

Bei Verwendung einer großen Anzahl von Spannelementen, wie dies z.B. beim Einsatz von Baukastenvorrichtungen in der Regel der Fall ist, wird die genannte Zahl von 2000 Tests pro Sekunde um ein Vielfaches überschritten. Eine Echtzeitsimulation mit vollständiger automatischer Kollisionsüberwachung ist damit nicht mehr möglich. Darüber hinaus existiert das bereits oben angesprochene Problem des Zeitaufwands für das Durchführen des Simulationslaufs.

Beim "Batch-Job" werden alle Menüpunkte in einer fest vorgegebenen Reihenfolge automatisch ausgeführt. Alphanumerische und grafische Ausgaben werden vollständig unterdrückt. Alle Kollisionsmeldungen und sonstigen Simulationsergebnisse werden in eine Ergebnisdatei geschrieben und gespeichert. Auf diese Weise kann der Batch-Job im Hintergrund des Rechners stattfindet. Da Hintergrundberechnungen in der Regel eine niedrigere Priorität besitzen als interaktive Prozesse, wird der aktuelle Rechenbetrieb nicht wesentlich belastet. Darüber hinaus können Batch-Jobs auch über Nacht oder zu Zeiten geringer Rechnerauslastung durchgeführt werden.

Die Ergebnisdatei enthält die Liste aller erkannten Kollisionspaarungen und die Information, bei welchen NC-Sätzen die Kollisionen auftraten. Wurden keine Kollisionen erkannt, kann auf die grafische Simulation vollständig verzichtet werden. Bei Kollisionsmeldungen kann der NC-Programmierer den betreffenden NC-Satz anwählen und muß nur noch die entsprechende Bearbeitungssequenz grafisch kontrollieren. Auf diese Weise ist eine wesentlich schnellere Programmkontrolle möglich als bei der rein interaktiven NC-Simulation.

3.4   Bedienoberfläche

Eine weitere Anforderung an ein leistungsfähiges NC-Simulationssystem stellt die Bedienoberfläche dar. Die Bedienung des Systems sollte über Menüs gesteuert werden. Das System sollte den Bediener unterstützen, ihn durch das System führen und in Zweifelsfällen Hilfestellungen geben. Durch die Verwendung einer leistungsfähigen Grafikhardware lassen sich diese Funktionen grafisch anspruchsvoll realisieren.

4.   Konzeption und Realisierung

4.1   Einleitung

Entsprechend den dargelegten Anforderungen an ein leistungsfähiges NC-Simulationssystem wurde im Rahmen der vorliegenden Arbeit das Programmsystem COSIMA (COmputer SImulation of MAchine tools) zur Echtzeitsimulation der NC-Bearbeitung erstellt und für den Einsatz bei einem Industrieunternehmen praxistauglich gemacht. Mit dem NC-Simulationssystem COSIMA werden die Arbeiten zur Entwicklung des Robotersimulationssystems USIS [38] fortgeführt. Der Kern des Simulationssystems mit den Funktionen zur Geometrie- und Kinematikhandhabung wurde dabei vollständig überarbeitet und der Funktionsumfang wesentlich erweitert. Grundlegende Neuerungen betreffen unter anderem die Einbindung von maschinenspezifischen Steuerungsnachbildungen, die Verarbeitung von Werkzeugdaten sowie den Algorithmus zur rechnerischen Kollisionserkennung. Im folgenden werden die zugrunde liegenden Prinzipien und Funktionsbausteine des Systems erläutert.

4.2   Geometrie-Handhabung

Die grafische NC-Simulation basiert auf der Echtzeit-Darstellung der Bewegung von 3D-Geometrien. Die unterschiedlichen Geometrieelemente sollen dabei nicht im Simulationssystem erzeugt werden. Vielmehr sollen die Geometrien im Normalfall in konventionellen 3D-CAD-Systemen generiert und über spezielle Geometrieschnittstellen in das Simulationssystem geladen werden. Eine Ausnahme stellt die Erzeugung einfacher Hilfsgeometrien (Quader, Zylinder, etc.) dar, die z. B. zur groben Annäherung von Spannelementen Verwendung finden. Derartige Hilfsgeometrien sollen direkt im Simulationssystem erzeugt werden, um den ansonsten notwendigen Systemwechsel zu vermeiden.

4.2.1   3D-Datenstruktur

Zur Darstellung von 3D-Geometrien stehen generell unterschiedliche Datenmodelle zur Verfügung [39] (Abb. 4-1). Die erste Möglichkeit stellt die Abspeicherung als

Volumenmodell (CSG-tree: "Constructive Solid Geometrie") dar. Hierbei wird ein Objekt durch eine Reihe von geometrischen Grundelementen, z.B. Quader und Zylinder, sowie durch die Verknüpfungen der einzelnen Grundelemente untereinander beschrieben. Die Sichtkanten des Objekts ergeben sich als Schnittlinien der Grundelemente untereinander. Die zweite Möglichkeit ist die Darstellung als Flächenmodell. Hierbei wird ein Objekt durch die Menge seiner Oberflächen beschrieben. Wird zusätzlich zu der Flächenbeschreibung eines Objekts die Richtung der Flächennormalen abgespeichert, ist die Information über Innen-, bzw. Außenseite des Objekts bekannt. Derartige Datenmodelle, die sogenannten "Boundary-Representations" werden auch als "flächenorientierte Volumenmodelle" [40] bezeichnet. Die dritte Möglichkeit ist die Darstellung als Linienmodell. In diesem Modell werden lediglich die Kanten des Objekts gespeichert. Da keinerlei Zuordnung verschiedener Kanten zu einer Oberfläche gespeichert ist, erscheint das Objekt durchsichtig und rechnerische Verfahren zur Kollisionserkennung können nicht angewendet werden.

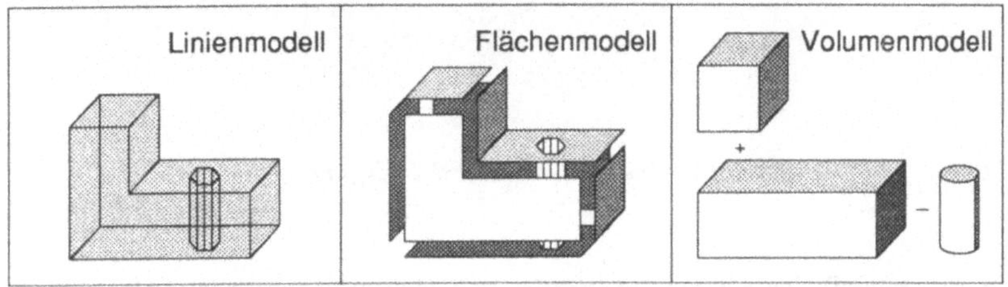

Abb. 4-1:		*Unterschiedliche Datenmodelle zur Geometrierepräsentation*

Da ein leistungsstarkes NC-Simulationssystem rechnerische Kollisionstests beinhalten soll, scheidet die Verwendung von Linienmodellen im Simulationssystem aus. Aus Gründen der grafischen Darstellung muß im Geometriemodell die Information über Innen- und Außenseite des Bauteils enthalten sein. Daher können im neu entwickelten NC-Simulationssystem keine reinen Flächenmodelle Anwendung finden. Da darüber hinaus die Unabhängigkeit des NC-Simulationssystems vom verwendeten 3D-CAD-System gefordert wurde, für die Übertragung von CSG-Volumenmodellen aus 3D-CAD-Systemen aber keine genormten Schnittstellen zur Verfügung stehen, muß auf die Abspeicherung als CSG-Volumenmodell verzichtet werden. Aus diesen Gründen wird innerhalb des neu entwickelten NC-Simulationssystems für die rechnerinterne Darstellung der unterschiedlichen Geometrien ein flächenorientiertes Volumenmodell verwendet.

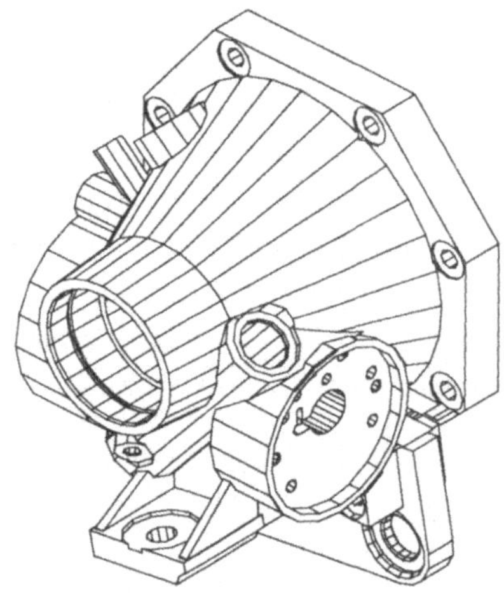

Abb. 4-2:   Darstellung eines Bauteils durch Polygone

Die unterschiedlichen Geometrien werden polygonalisiert dargestellt (Abb. 4-2), d.h. gekrümmte Oberflächen werden durch eine Reihe ebener Facetten modelliert. Dieses Verfahren hat den Vorteil, daß grundsätzlich alle Geometrien durch ebene Flächenstücke abgespeichert sind. Jede Fläche ist durch einen geschlossenen Linienzug aus vielen Geradenstücken begrenzt. Der Umlaufsinn der Flächenumrandung definiert die Richtung der Flächennormale derart, daß die Normale bei rechts-drehendem Umlaufsinn immer in das Innere des Körpers zeigt. Die Umwandlung von Zylindern, Kegelschnitten oder Freiformflächen in eine Folge ebener Polygone erfolgt entweder bereits im CAD-System oder während des Einlesens der Geometrien über die verschiedenen Geometrie-Schnittstellen.

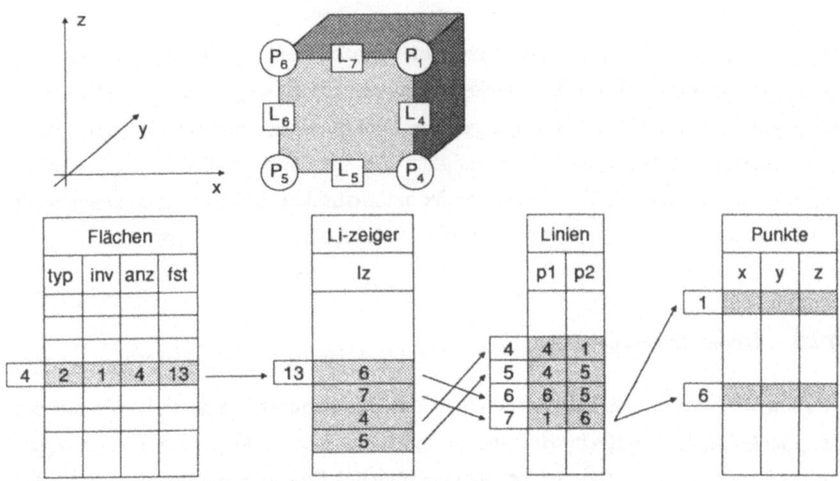

Abb. 4-3:   *Verwendete Datenstruktur zur Abspeicherung der Objektgeometrien*

In Abb. 4-3 ist das verwendete Datenmodell zur Speicherung und Handhabung von Geometrien dargestellt. Auf der untersten Ebene sind die x-, y- und z-Koordinaten aller Punkte des Körpers abgespeichert. Die Kanten werden durch die Indizes ihrer Anfangs- und Endpunkte beschrieben und sind in der Linienliste gespeichert. Alle Punkte und Kanten des Objekts sind nur einmal in der Datenstruktur enthalten. In der Linienzeigerliste sind die Umrandungen der Objektflächen beschrieben. Für jede Fläche werden die Indizes der Kanten in fortlaufender Reihenfolge abgelegt. In der Flächenliste sind die Verweise auf die Linienzeigerliste enthalten. Für jede Fläche ist der Startindex (Index der ersten zur Fläche gehörenden Kante), sowie die Anzahl der die Flächenumrandung bildenden Kanten gespeichert. Löcher (geschlossene Konturen, die von der Außenkontur vollständig umschlossen sind), können mit Hilfe der in Abb. 4-3 dargestellten Datenstruktur ebenfalls behandelt werden.

4.2.2 Grafische Darstellung

Das entwickelte NC-Simulationssystem bietet je nach Leistungsfähigkeit der verwendeten Grafik-Hardware die Möglichkeit, entweder die Bewegungen von schattierten Flächenmodellen oder die Bewegungen von Drahtmodellen in Echtzeit darzustellen. Die Unterschiede betreffen jedoch lediglich die Art der Visualisierung am Grafikschirm. Rechnerintern, z.B. für Zwecke der automatischen Kollisionserkennung, steht jederzeit das vollständige, flächenorientierte Volumenmodell zur Verfügung.

4.2.3 Geometrieerzeugung

Großen Wert wurde bei der Entwicklung des Simulationssystems weiterhin auf die Möglichkeit gelegt, einfache Hilfsgeometrien auch im Simulationssystem zu erzeugen und abzuspeichern. Im Rahmen der Realisierung des Prototyps wurden dazu Prozeduren für die Generierung einer Reihe unterschiedlicher geometrischer Grundkörper implementiert. Es handelt sich dabei um die Generierung von Linienzügen, Quadern, Prismen, Zylindern, Kegeln und Kugeln. Am Beispiel der Generierung eines Kegelstumpfs sei das Vorgehen dargestellt (Abb. 4-4):

Als Eingangsdaten werden Anfangs- und Endpunkt der Kegelachse, die unterschiedlichen Radien bei Punkt P_1 und Punkt P_2, sowie die Anzahl der am Umfang zu erzeugenden Kanten benötigt. Zunächst wird eine Transformationsmatrix $\mathbf{M}$ derart berechnet, daß der Punkt P_1 in den Ursprung des Koordinatensystems gezogen wird und der Punkt P_2 auf der positiven z-Achse zu liegen kommt. In dieser Lage ist die Kegelachse parallel zur z-Achse und die Punkte am Umfang des Kegelstumpfs können, wie in Abb. 4-4 angegeben, berechnet werden. Anschließend werden die berechneten Punkte am Umfang des Kegelstumpfs mit der inversen Matrix $\mathbf{M}^{-1}$ in die Ursprungslage zurück transformiert. Zuletzt wird die Datenstruktur für Linien- und Flächenlisten aufgebaut.

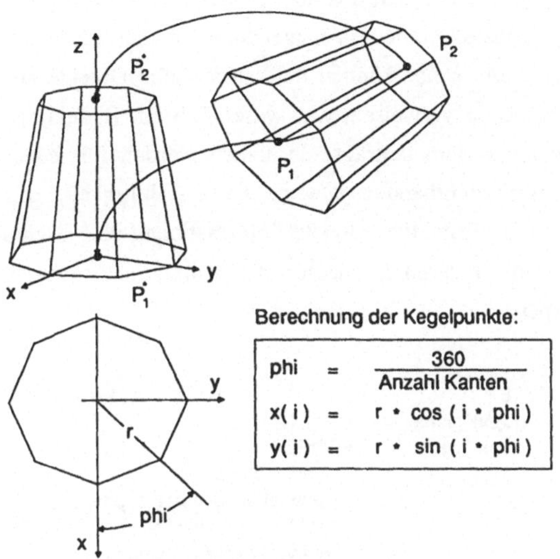

$$phi = \frac{360}{Anzahl\ Kanten}$$

$$x(i) = r \cdot \cos(i \cdot phi)$$

$$y(i) = r \cdot \sin(i \cdot phi)$$

Abb. 4-4:   Generierung eines Kegelstumpfs

4.3   Objekt-Handhabung

Zur Beschreibung eines in der Simulation bewegten Objekts werden neben der reinen Objektgeometrie zusätzliche Daten benötigt. So ist es möglich, daß mehrere Objekte mit identischer Geometrie an unterschiedlichen Positionen in der Simulation enthalten sind. Dieser Fall tritt z.B. immer dann ein, wenn mehrere Spanneisen des gleichen Typs an unterschiedlichen Seiten des Werkstücks angebracht werden. Daher wird zur Durchführung der Simulation ein vom Datentyp "Geometrie" unabhängiger neuer Datentyp "Objekt" eingeführt.

4.3.1   Objekt-Definition

Dieser Datentyp "Objekt" (Abb. 4-5) beinhaltet zunächst einen eindeutigen Namen, der die Identifizierung der einzelnen Körper und die Unterscheidung von Körpern mit identischer Geometrie ermöglicht. Darüber hinaus ist im Datentyp "Objekt" ein Hinweis auf die zugeordnete Geometrie angegeben, nicht aber die eigentliche Geometrie-Information. Auf diese Weise können unterschiedliche Objekte auf eine identische Geometrie-Datenstruktur verweisen, was wesentlich zur Reduktion des Speicherbedarfs im Simulationssystem beiträgt. Zusätzlich werden für jedes Objekt Darstellungsparameter wie Sichtbarkeit ja/nein, Farbe, Helligkeit, etc. abgespeichert. Schließlich enthält der Datentyp "Objekt" Informationen über eventuelle Verbindungen des Körpers mit anderen Elementen der Simulation, sowie über die aktuelle Position des Körpers.

```
TYPE
    objekt_pointer  =  ^objekt_typ;
    objekt_typ      =  RECORD
                          name : string_typ;
                          geometrie : geometrie_pointer;
                          sichtbar : BOOLEAN;
                          farbe, helligkeit : REAL;
                          verbindungsobjekt : objekt_pointer;
                          verbindungsmatrix : matrix_typ;
                          ......
                       END;
```

Abb. 4-5:   *Verwendetes Datenmodell zur Objektdarstellung*

4.3.2   Positionsbeschreibung durch homogene Transformation

Die Position eines Objekts wird durch eine Positionsmatrix **P** beschrieben. Bei Bewegungen des Objekts ändern sich nicht die im Geometrie-Datenblock abgespeicherten Punktkoordinaten, sondern lediglich die Positionsmatrix **P**. Die ursprüngliche Lage des Objekts (Transformationsmatrix **P** = Einheitsmatrix **E**) wird als Geometrie-Generierungslage bezeichnet. Die Beschreibung der Objektposition erfolgt in Form einer sogenannten "homogenen Transformationsmatrix" [39] (Abb. 4-6):

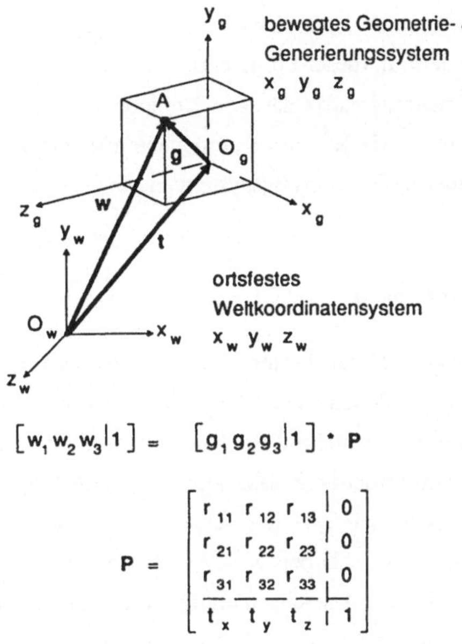

$$[w_1\,w_2\,w_3|1] = [g_1\,g_2\,g_3|1] \cdot P$$

$$P = \begin{bmatrix} r_{11} & r_{12} & r_{13} & | & 0 \\ r_{21} & r_{22} & r_{23} & | & 0 \\ r_{31} & r_{32} & r_{33} & | & 0 \\ \hline t_x & t_y & t_z & | & 1 \end{bmatrix}$$

Abb. 4-6:   *Positionsbeschreibung durch homogene Transformationsmatrizen*

Der Ortsvektor **g** gibt die Koordinaten eines beliebigen Punkts A innerhalb des bewegten Geometrie-Generierungssystem x_g, y_g, z_g an. Die aktuelle Lage des Geometrie-Generierungssystems wird durch den Translationsvektor **t** beschrieben, der die Position des Ursprungs O_g des bewegten Koordinatensystems im ortsfesten Weltkordinatensystem definiert. Die Verdrehungen der Achsen des Geometrie-Generierungssystems gegenüber dem Weltkoordinatensystem werden durch die 3∗3-Rotationsmatrix **R** festgelegt. Der globale Ortsvektor **w**, der die Koordinaten des Punkts A im ortsfesten Weltkoordinatensystem angibt, ergibt sich damit aus der Summe der Transformation des lokalen Ortsvektors **g** mit der Rotationsmatrix **R** und dem Translationsvektor **t** zu

$$w = t + R * g.$$

Durch Erweiterung der dreidimensionalen Ortsvektoren um eine vierte Komponente, die immer den Wert 1 annimmt, läßt sich obige Gleichung in eine einzelne Matrizenmultiplikation umwandeln. In dieser Form stellt die Positionsmatrix P eine sogenannte homogene Transformationsmatrix dar. Die Komponenten r_{ji} entsprechen dabei der transponierten Drehungsmatrix R^T; die Komponenten t_n geben die Translation zwischen Welt- und Geometrie-Generierungssystem an.

4.3.3   Objekt-Verbindungen

Um kinematische Abhängigkeiten in der Simulation darstellen zu können, wird die Information benötigt, mit welchem anderen Objekt der aktuelle Körper verbunden ist. So werden z.B. alle Spannelemente mit der Palette verbunden. Bewegt sich die Palette (ändert sich die Positionsmatrix P des Objekts "Palette"), werden alle Spannelemente mitbewegt. Die einzelnen Spannelemente können ihrerseits aber untereinander und gegenüber der Palette verschoben werden. Das entwickelte NC-Simulationssystem erlaubt eine beliebig tiefe Verschachtelung dieser Art von Objektverbindungen. So bietet es sich zum Beispiel an, verschiedene Spannelemente zu einer Spanneinheit zusammenzufassen. Eine Gruppe von mehreren Spannelementen kann nun ihrerseits an definierten Spannpositionen mit dem Bauteil verbunden werden. Das Bauteil wiederum wird mit der Palette verbunden, die die Schnittstelle zur Kinematikstruktur der Maschine darstellt (Abb. 4-7). Auf diese Weise entsteht eine Baumstruktur. Die Anzahl der Verzweigungen an einem bestimmten Knoten der Baumstruktur ist dabei beliebig.

Um diese Abhängigkeiten in der Simulation zu berücksichtigen, beschreibt die im Objektmodell abgelegte homogene Matrix R nicht die gesamte Transformation des Objekts aus dessen Generierungslage in die momentane Position. Die jedem Objekt zugeordnete Matrix R beschreibt vielmehr die Transformation des aktuellen Objekts in das Geometrie-Generierungssystem desjenigen Körpers, mit dem das aktuelle Objekt verbunden ist. Aus diesem Grund wird die in der Objektbeschreibung abgelegte Matrix $R_{i,j}$ als relative "Verbindungsmatrix" bezeichnet. Die absolute Position des Objekts (beschrieben durch die Positionsmatrix P_i) ergibt sich somit erst durch eine hintereinander geschachtelte Multiplikation aller Verbindungsmatrizen $R_{i,j}$ in der kinematischen Kette. Nur wenn ein Objekt mit keinem anderen Objekt verbunden ist (Maschinenbett), stimmt die Verbindungsmatrix $R_{i,Welt}$ mit der absoluten Positionsmatrix P_i des Objekts überein. Für das in Abb. 4-7 dargestellte Beispiel berechnet sich die absolute Positionsmatrix P_1 zu

$$P_1 = R_{1,5} * R_{5,6} * R_{6,7} * P_7.$$

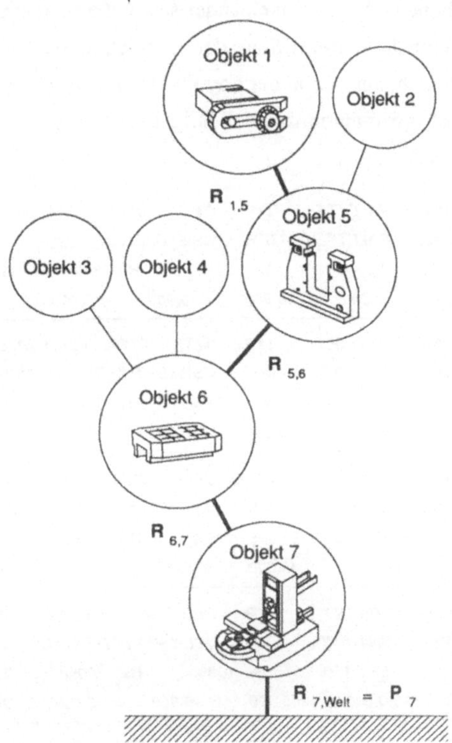

Abb. 4-7:   Hierarchischer Aufbau einer kinematischen Struktur

4.3.4   Layout-Datei

Alle zur Simulation einer Bearbeitungsaufgabe benötigten Objekte sind in einer sogenannten Layout-Datei abgespeichert. Es handelt sich dabei um die zu simulierende
Maschine, das Bauteil, Spannelemente und sonstige, die Bearbeitung beeinflussende
Peripheriekomponenten. Die Layout-Datei enthält alle im Datentyp "Objekt" gespeicherten Informationen (Abb. 4-8). Damit sind in der Layout-Datei alle Abhängigkeiten der unterschiedlichen Objekte voneinander sowie die momentanen Positionen der
einzelnen Objekte enthalten. Beim Start der Simulation muß lediglich das Layout
"initialisiert" werden, d.h. aus den in der Layout-Datei abgespeicherten Informationen
muß ein rechnerinternes Simulationsmodell aufgebaut werden.

```
ID_NAME=    PALETTE      TYP=  GEO    CON= LEAN_AT BASE
DB_NAME=    PALETTE      DB=   USIS$USER:DC30.UDB
VISIBLE     F= 40        S= 30%      H= 80%        T= 0%
   0.000       0.000     0.000    0.000      0.000       0.000

ID_NAME=    PLATTE       TYP=  GEO    CON= LEAN_AT BASE
DB_NAME=    BN310271     DB=   USIS$SPANN:DESTACO.UDB
VISIBLE     F= 300       S= 100%     H= 100%       T= 0%
   0.000    -195.000     0.000    0.000      0.000       0.000

ID_NAME=    SPANN2       TYP=  GEO    CON= LEAN_AT PLATTE
DB_NAME=    BN310151     DB=   USIS$SPANN:DESTACO.UDB
VISIBLE     F= 150       S= 100%     H= 100%       T= 0%
 -125.000    330.000   245.000   -90.000     0.000      90.000

ID_NAME=    SPANN3       TYP=  GEO    CON= LEAN_AT PLATTE
DB_NAME=    BN310151     DB=   USIS$SPANN:DESTACO.UDB
VISIBLE     F= 150       S= 100%     H= 100%       T= 0%
 -125.000     60.000   245.000    90.000     0.000     -90.000

ID_NAME=    HALTER1      TYP=  GEO    CON= LEAN_AT PLATTE
DB_NAME=    BN310062     DB=   USIS$SPANN:DESTACO.UDB
VISIBLE     F= 300       S= 100%     H= 100%       T= 0%
  -55.000    270.000   120.000   -90.000     0.000      90.000
```

Abb. 4-8:   Beispiel eines Layouts

Die Layout-Datei kann jedoch noch auf andere Weise interpretiert werden. Sie stellt letztlich nichts anderes dar, als eine um zusätzliche Informationen erweiterte Stückliste. Zu den für die Simulation einer Bearbeitungsaufgabe benötigten Objekten gehört zuallererst das auf der Palette aufgespannte Bauteil. Auf der Basis der Layout-Datei können daher 3D-Ansichten der Aufspannung oder konventionelle 2D-Spannpläne und Stücklisten von Spannelementen erstellt werden (Abb. 4-9). Dies ist insbesondere bei der Verwendung eines Vorrichtungsbaukastens von Interesse. Auf diese Weise kann die NC-Simulation zur Unterstützung der Vorrichtungskonstruktion eingesetzt werden.

Abb. 4-9:   *Beispiel einer realisierten Aufspannung*

4.3.5   Funktionen zur Änderung des Layouts

Entsprechend den im Datentyp "Objekt" gespeicherten Informationen sind im realisierten Simulationssystem Funktionen zum Ändern von Sichtbarkeitsattributen, zum Plazieren von Objekten und zum Verbinden bzw. Lösen von Objekten vorhanden. Die Plazierungs-Operationen dienen vor allem zur Nachbildung der realen Spannsituation in der Simulation. Durch grafische Identifikation von Punkten am Bildschirm wird eine Plazierungs-Transformation **M** definiert, die die Verschiebung des Körpers aus seiner momentanen Lage in die neue Lage definiert. Die neue Verbindungsmatrix $R_{neu,j}$ des Objekts ergibt sich durch eine einfache Multiplikation der alten Verbindungsmatrix $R_{alt,j}$ mit der Plazierungs-Transformation **M** (Abb. 4-10)

$$R_{neu,j} = R_{alt,j} * M.$$

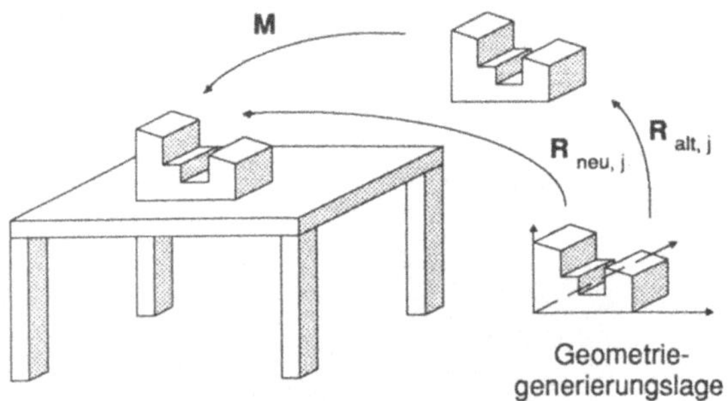

*Abb. 4-10:	Plazierung eines Objekts*

Durch die oben beschriebene Baumstruktur sind damit automatisch auch alle am aktuellen Objekt hängenden Objekte in gleicher Weise verschoben.

Beim Verbinden eines Objekts "Sohn" mit einem anderen Objekt "Vater", muß ebenfalls eine neue Verbindungsmatrix errechnet werden (Abb. 4-11). Zunächst muß die absolute Positionsmatrix des zu verbindenden Sohn-Objekts P_{Sohn} berechnet werden. Die Matrix P_{Sohn} gibt die Transformation des Objekts aus seiner Geometrie-Generierungslage in die momentane Position an. Anschließend wird die Inverse der Positionsmatrix P_{Vater} des Vater-Objekts berechnet. Das Produkt der Positionsmatrix P_{Sohn} mit der Inversen P_{Vater}^{-1} beschreibt die Transformation des Sohn-Objekts aus dessen Geometrie-Generierungslage in das Geometrie-Generierungssystem des Vater-Objekts und wird als neue Verbindungsmatrix $R_{Sohn,Vater}$ abgespeichert:

Ausgangssituation:

    Verbindungsobjekt = Welt

    $P_{Sohn} = R_{Sohn,Welt}$

Nach dem Verbinden:

$$\text{Verbindungsobjekt} = \text{Vater}$$
$$R_{\text{Sohn,Vater}} = P_{\text{Sohn}} * P_{\text{Vater}}^{-1}$$

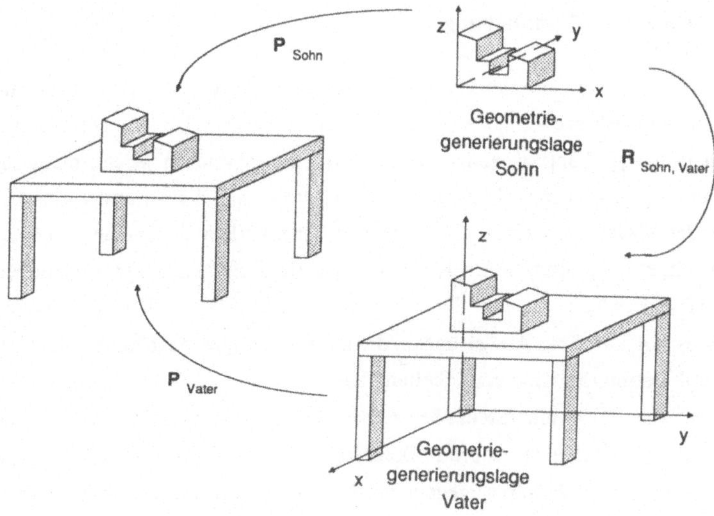

Abb. 4-11:   *Definition und Trennung von Objektverbindungen*

Beim Lösen von Objektverbindungen muß lediglich die alte Verbindungsmatrix des Sohn-Objekts $R_{\text{Sohn,Vater}}$ mit der absoluten Positionsmatrix P_{Vater} des Vater-Objekts multipliziert werden. Das Produkt ergibt die absolute Positionsmatrix P_{Sohn}, die, da das Sohn-Objekt nun mit dem Welt-Koordinatensystem verbunden ist, als neue Verbindungsmatrix $R_{\text{Sohn,Welt}}$ abgespeichert wird.

Ausgangssituation:

$$\text{Verbindungsobjekt} = \text{Vater}$$
$$P_{\text{Sohn}} = R_{\text{Sohn,Vater}} * P_{\text{Vater}}$$

Nach dem Lösen:

$$\text{Verbindungsobjekt} = \text{Welt}$$

$$P_{Sohn} = R_{Sohn,Welt} = R_{Sohn,Vater} * P_{Vater}$$

4.4 Kinematik-Handhabung

Mit Hilfe der erläuterten Definition des Datentyps "Objekt" können Lagerelationen zwischen verschiedenen unabhängigen Körpern in der Simulation abgebildet werden. Die im Datentyp "Objekt" enthaltenen Informationen reichen jedoch nicht aus zur Beschreibung allgemeiner Kinematiken mit rotatorischen oder translatorischen Freiheitsgraden. Daher wird zur Nachbildung von Kinematiken allgemeiner Art eine neue Datenstruktur eingeführt. Jeder Kinematik ist ein Befehlsspeicher zugeordnet, der Anweisungen enthält, die von der Kinematik auszuführen sind. In der Hauptsache handelt es sich dabei um Anweisungen, die neue Stellungen oder Konfigurationen der Kinematik definieren. Eine neue Stellung kann entweder explizit vorgegeben werden durch die Angabe der einzustellenden Achswerte, oder, wie im Fall von NC-Maschinen-Modellen, durch eine genormte Befehlssprache (DIN 66025). Im letztgenannten Fall müssen die im Befehl angegebenen Positionen vor der Darstellung am Bildschirm zunächst in die einzustellenden Achswerte umgerechnet werden.

4.4.1 Definition

Zur Beschreibung allgemeiner Kinematiken wird ein leicht modifizierter Ansatz nach Denavit-Hartenberg [41] verwendet (Abb. 4-12). Zunächst wird das Achselement so transformiert, daß die Bewegungsachse in der positiven Hälfte der z-Achse zu liegen kommt (Verschiebung des Achselements aus seiner Generierungslage an die z-Achse mit der Matrix M_1). Das Grundelement wird so transformiert, daß die Bewegungsachse in der negativen Hälfte der z-Achse liegt (Verschiebung des Grundobjekts aus seiner Generierungslage an die z-Achse mit M_2). Der Freiheitsgrad des Achselements gegenüber dem Grundelement kann nun durch eine Transformation $A_{1,2}$ dargestellt werden. Für translatorische Achsen ergibt sich die Matrix $A_{1,2}$ durch eine reine

Verschiebung des Achselements entlang der z-Achse, für Rotationsachsen ergibt sich $A_{1,2}$ als reine Drehung um die z-Achse. Anschließend werden beide Objekte mit der Inversen von M_2 transformiert. Das Produkt der Multiplikation aller drei Matrizen stellt die Verbindungsmatrix $R_{1,2}$ des Achselements mit dem Grundelement dar (Transformation des Achselements aus seiner eigenen Generierungslage in die Generierungslage des Grundelements):

$$R_{1,2} = M_1 * A_{1,2} * M_2^{-1}.$$

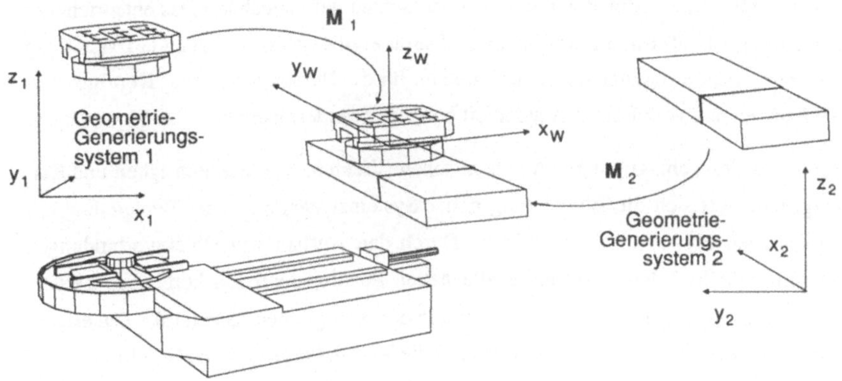

Abb. 4-12:   Definition einer Bewegungsachse

4.4.2   Bewegungssimulation

Ziel der Bewegungssimulation ist die kontinuierliche Darstellung der Bewegungen von Kinematiken auf dem Grafikschirm. Im Gegensatz zur zeitdiskreten Simulation, bei der das Zeitinkrement zwischen der Berechnung zweier aufeinanderfolgender Systemzustände nicht fest vorgegeben ist, sondern sich aus dem Ablauf ergibt (z.B. Materialfluß-Simulationssysteme) wird im realisierten Simulationssystem die Methode der zeitkontinuierlichen Simulation angewendet. Bei der zeitkontinuierlichen Simulation ist die Schrittweite für die Berechnung neuer Systemzustände konstant [42]. Stimmt die für die Berechnung eines neuen Systemzustands erforderliche Zeit mit dem verwendeten Zeitinkrement überein, kann eine quasi-Echtzeit Simulation erreicht werden. Der Betrachter erhält so einen realistischen Eindruck der Maschinenbewegungen. Er kann Zustellbewegungen im Eilgang von Schnittbewegungen mit fest definiertem Vorschub unterscheiden. Durch Vergrößerung des Zeitinkrements ergibt sich ein Zeitraffer-Effekt (die simulierte Zeit vergeht schneller als die zum Berechnen neuer Zustände real benötigte Zeit), durch Verkleinerung des Zeitinkrements oder durch Einfügen zusätzlicher Wartezeiten nach jeder Berechnung kann die Simulation verlangsamt erfolgen (Abb. 4-13). Im vorgestellten Konzept wird die neue Maschinenbewegung standardmäßig alle 50 Millisekunden neu berechnet. Das entspricht der Darstellung von 20 Bildern pro Sekunde. Damit ergibt sich eine fließende Darstellung der Maschinenbewegungen. Die Schrittweite für die Berechnung neuer Konfigurationen kann jedoch vom Bediener jederzeit beliebig geändert werden.

Durch die Vernachlässigung von dynamischen Effekten, wie Massenträgheit und Reibung, reduziert sich die Berechnung neuer Systemzustände auf die Berechnung der momentanen Positionen aller Objekte. Durch den Aufbau von Objektverbindungen müssen nicht in jeder Zeitschleife alle neuen Positionsmatrizen berechnet werden. Vielmehr genügt es, die aktuellen Achswerte der beweglichen Kinematiken zu errechnen. Durch die Angabe der Achswerte sind die Verbindungsmatrizen $\mathbf{R}$ definiert, über die wiederum die absoluten Positionsmatrizen $\mathbf{P}$ berechnet werden können.

Die Bewegungen erfolgen programmgesteuert, d.h. es existiert eine Eingabedatei, in der der gesamte Bewegungsablauf definiert ist. Eine Möglichkeit zur Definition der Achsbewegungen ist die explizite Vorgabe aller Achswerte zu unterschiedlichen Zeitpunkten. In diesem Fall können die zur Darstellung der Objektbewegungen auf dem Grafikschirm benötigten Achswerte direkt aus der Eingabedatei übernommen werden. Bei der NC-Simulation erfolgt die Vorgabe der Maschinenbewegungen jedoch nicht in expliziter Form sondern durch das Maschinenprogramm nach DIN 66025. Die im Maschinenprogramm angegeben Verfahrbefehle müssen daher zunächst in Achswerte umgerechnet werden. Diese Umrechnung kann theoretisch mit Hilfe eines Pre-Prozessors erfolgen, der eine spezielle Simulationsdatei erzeugt, in der die Achswerte der Maschinen abgelegt sind. Folgende Gründe sprachen allerdings gegen die Anwendung von Pre-Prozessor- oder Compiler-Konzepten bei der Implementierung des neu zu entwickelnden Prototyp:

– Die Forderung nach einer Zuordnung der NC-Sätze zu Maschinenbewegungen,
– die Forderung nach einer Anzeige des jeweils abgearbeiteten NC-Satzes
– sowie die geforderte Möglichkeit zur beliebigen Anwahl des zu simulierenden NC-Satzes.

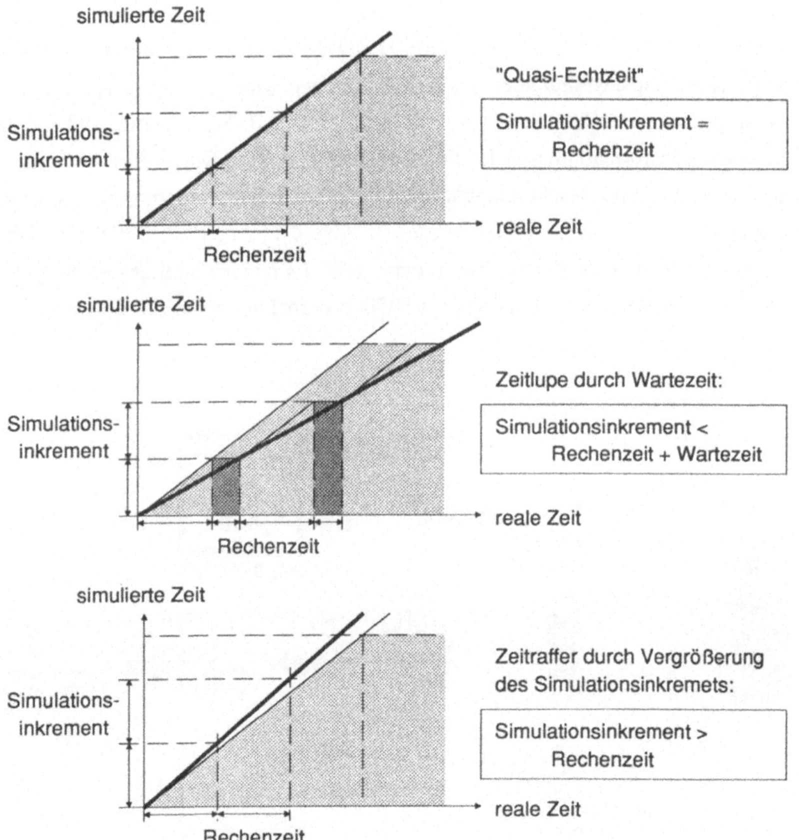

Abb. 4-13:   *Verfahren zur Erzeugung von Zeitraffer- und Zeitlupeneffekt*

Die aktuelle Zeile im NC-Programm wird daher erst zur Laufzeit der Simulation innerhalb der Zeitschleife interpretativ abgearbeitet. Die Umsetzung des NC-Programms in Achswerte ist dabei Aufgabe der Steuerungsnachbildung. Auf der Basis der errechneten Achswerte übernimmt eine spezielle Grafik-Hardware die Darstellung der errechneten Systemzustände auf dem Grafikschirm.

4.5 Gerätetechnik und zugrunde liegende Grafikprinzipien

Der Einsatz einer leistungsfähigen Grafik-Hardware ist eine wesentliche Voraussetzung für eine Echtzeit-Simulation der NC-Bearbeitung. Moderne Grafik-Rechner verwenden spezielle Grafik-Prozessoren, mit deren Hilfe z.B. Matrizenmultiplikationen oder Vektortransformationen in Hardware realisiert werden. Durch dieses Vorgehen konnte eine deutliche Beschleunigung gegenüber der Implementierung entsprechender Operationen in Software erzielt werden. In Abb. 4-14 ist die zur Entwicklung des Prototyps eingesetzte Grafik-Hardware dargestellt. Es handelt sich um einen VAX-Rechner von Digital Equipment und ein PS390-Terminal von Evans&Sutherland.

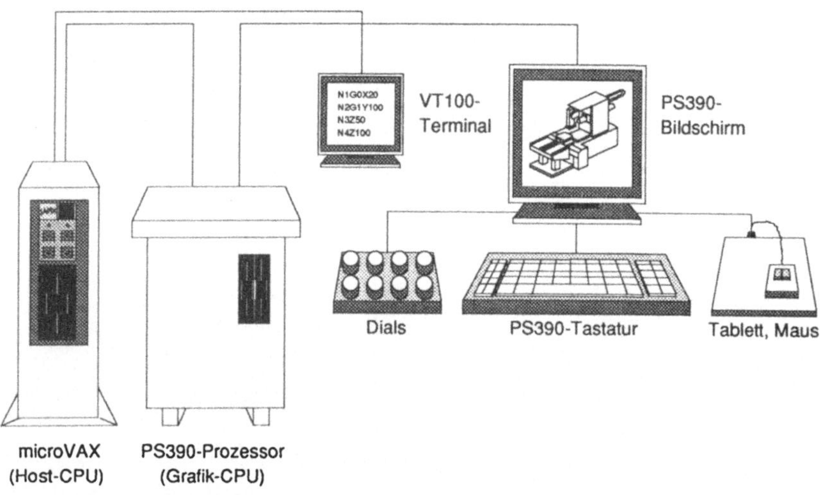

Abb. 4-14:   Verwendete Rechnerhardware

4.5.1 Trennung von Host-CPU und Grafik-Rechner

In Abb. 4-14 ist ein weiteres Merkmal moderner Grafik-Workstations dargestellt. Es findet eine Trennung statt zwischen der "Host-CPU" des Hauptrechners (microVax) und der dedizierten Grafik-CPU des Grafik-Prozessors. Jede CPU verfügt über eigene Speicherbereiche ("Memory"), während Massenspeicher (Plattenlaufwerke) ausschließlich am Host-Rechner zur Verfügung stehen. Diese prinzipielle Aufteilung ist auch bei Grafik-Workstations anderer Hersteller gegeben, obwohl im Einzelfall Host-CPU und Grafik-CPU in einem gemeinsamen Rechnergehäuse untergebracht sind. Die Unterschiede betreffen lediglich die Realisierung der Datenkommunikation zwischen den beiden CPU's. Eine Integration von Grafikteil und Host-CPU in einem Gehäuse ermöglicht die direkte Kommunikation über den internen Datenbus, während bei der VAX-PS390-Lösung die Datenkommunikation über DECNET, und somit langsamer, erfolgt.

Die hardwaremäßige Trennung zwischen Host-CPU und Grafik-CPU wurde in der Software-Konzeption des entwickelten NC-Simulationssystems berücksichtigt. Während auf dem Host die eigentliche Steuerungsnachbildung (Umrechnen von NC-Sätzen in Achswerte) und weitere alphanumerische Problemstellungen wie z.B. die Kollisionsrechnung realisiert sind, ist es Aufgabe der Grafik-CPU, jederzeit die aktuelle Konfiguration am Bildschirm darzustellen. Blickwinkeländerungen können vom Bediener des Systems zu jedem beliebigen Zeitpunkt mit Hilfe der Drehgeber ("Dials"), die direkt mit der Grafik-Einheit verbunden sind, vorgegeben werden. Die gewählte Aufgabentrennung hat zur Folge, daß beim Programmstart in einem Initialisiervorgang zunächst die Simulationsdaten vom Massenspeicher gelesen werden und anschließend ein Simulationsmodell im Grafik-Speicher aufgebaut wird.

4.5.2 Grafik-Datenstruktur

Die Datenstruktur im Grafik-Speicher stellt ein Abbild der kinematischen Struktur des Simulationsmodells dar (Abb. 4-15). Die einzelnen Objekte (Vektor- oder Polygonlisten) sind über Transformationsknoten und Verzweigungselemente miteinander verbunden. Die Transformationsknoten weisen entweder konstante Werte auf (Objektverbindungen) oder werden in Abhängigkeit eines Freiheitsgrads (Bewegungsachse) berechnet. In einer Zeitschleife werden die einzelnen Objektgeometrien durch eine Reihenschaltung von Matrizenmultiplikationen aus ihrem Geometrie-Generierungssystem in das Welt-Koordinatensystem transformiert. Die gesamte Transformation des Objekts n in Abb. 4-15 ergibt sich zu

$$P_n = R_n * ... * M_1 * A_{1,2} * M_2^{-1} * R_1.$$

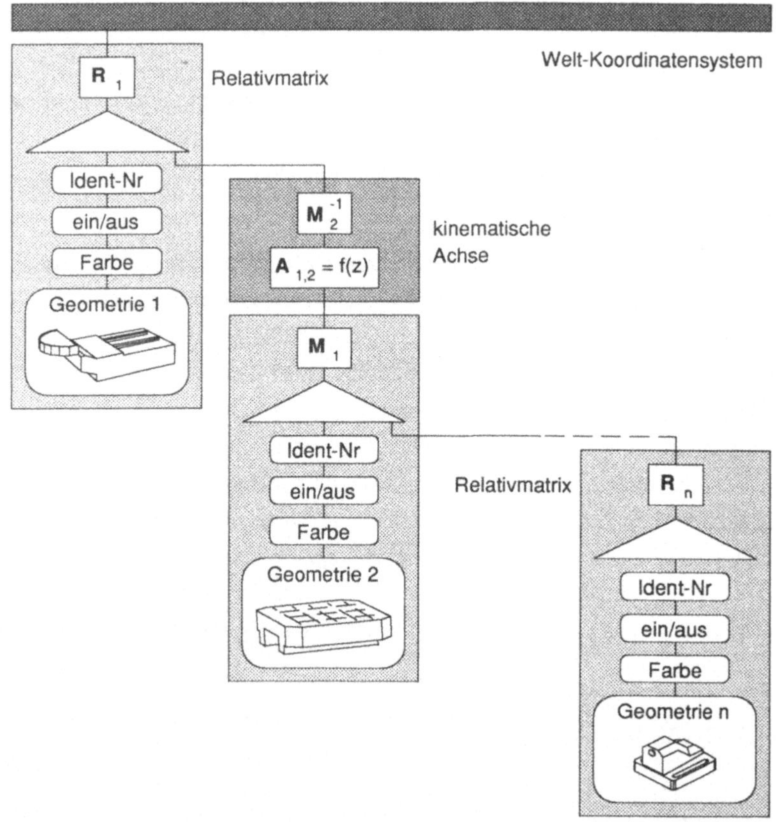

Abb. 4-15:   *Abbildung des hierarchischen Kinematikmodells im Grafikrechner*

Durch Änderung einer Relativmatrix R_i oder durch Änderung des Wertes für den Freiheitsgrad einer Bewegungsachse wird in der nächsten Zeitschleife automatisch die neue Konfiguration im Weltkoordinatensystem berechnet.

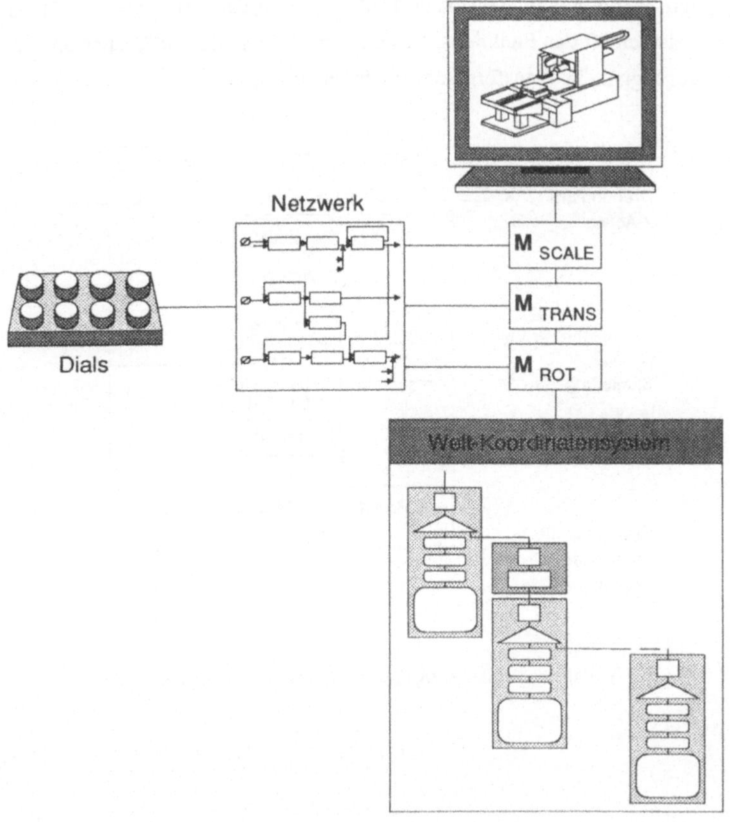

Abb. 4-16:   *Anwendung der Blinkwinkeltransformationen auf das Simulationsmodell*

4.5.3   Berücksichtigung von Blickwinkeländerungen

Auf das Simulationsmodell in Welt-Koordinaten wird die Blickwinkel-Transformation angewendet, die die Objekte vom dreidimensionalen kartesischen Welt-Koordinatensystem in die zweidimensionale Bildebene transformiert (Abb. 4-16). In Abb. 4-17 ist beispielhaft das Funktionsnetzwerk zur Abfrage der Drehgeber und zur Umsetzung der Signale in Transformationsmatrizen angegeben.

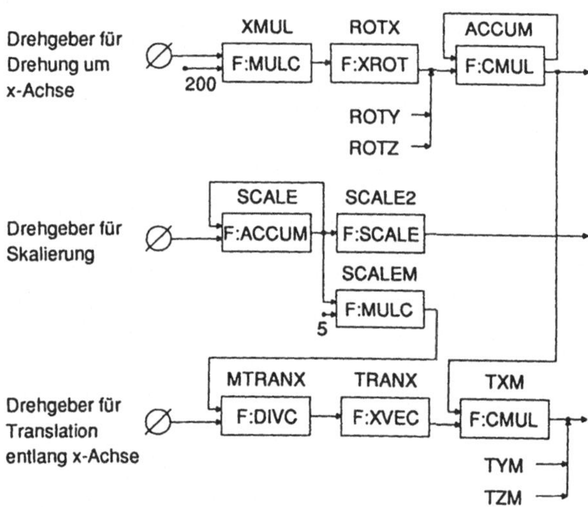

Abb. 4-17:   Netzwerk zur Steuerung der Blickwinkeltransformationen

4.5 Steuerungsnachbildung

Wie bereits erwähnt, interpretiert das im Rahmen dieser Arbeit entwickelte NC-Simulationssystem COSIMA das reale NC-Programm nach DIN 66025. Die Umrechnung der einzelnen NC-Sätze in die anzufahrende Achskonfiguration der jeweiligen Bearbeitungsmaschine erfolgt dabei mit Hilfe der Steuerungsnachbildung.

4.5.1 Übersicht

Da die Simulation auf den gleichen Eingabedaten basiert wie die Programmabarbeitung auf der realen Maschine, muß die gesamte Leistungsfähigkeit der realen Maschinensteuerung in der Simulation nachgebildet werden. Wesentliche Leistungsmerkmale moderner Steuerungen sind zum Beispiel die Verwendung von Unterprogrammen, maschinenspezifischen Zyklen, die Parameter-Programmierung sowie Werkzeugkorrekturen. Ein denkbarer Ansatz dazu ist die Verwendung von parametrisierten Listen oder Tabellen, wie sie unter anderem für sogenannte Postprozessor-Generatoren verwendet werden. Der Anwender hat hiermit die Möglichkeit, Eigenschaften des Postprozessors über definierte Eingabedateien zu verändern, ohne Eingriffe im eigentlichen Programm vornehmen zu müssen. Dieses Vorgehen ist sehr flexibel und erfordert keinerlei Programmierkenntnisse vom Anwender. Die Leistungsfähigkeit heutiger Steuerungen läßt sich mit Hilfe eines solchen Vorgehens jedoch nicht vollständig erfassen. Im neu erstellten Prototyp wird daher die Steuerungsnachbildung von speziellen Software-Bausteinen übernommen.

Eine wesentliche Forderung, die bei der Entwicklung des Prototyps berücksichtigt wurde, ist die Trennung zwischen der Steuerungsnachbildung und dem eigentlichen Simulations-Hauptprogramm. Dazu wurde eine steuerungsneutrale Schnittstelle geschaffen und ein standardisiertes Datenformat verwendet, das die Simulation unterschiedlichster Kinematiken erlaubt, ohne jedwede Änderungen im Simulations-Hauptprogramm vorzunehmen.

Die Steuerungsnachbildung durch spezialisierte Softwarebausteine hat allerdings zur Folge, daß für jede neue Steuerung, die simuliert werden soll, neue Prozeduren und Module programmiert werden müssen. Durch eine konsequente Modularisierung der

Steuerungsprozeduren und eine Trennung in voneinander unabhängige Programmbausteine kann der Aufwand für die Erstellung einer neuen Steuerungsnachbildung
jedoch deutlich eingeschränkt werden. Die unabhängigen Aufgabenblöcke übergeben
die im jeweiligen Berechnungsschritt gewonnenen Ergebnisse in Form von steuerungsneutralen Datenfeldern. Damit können einzelne Bausteine der Steuerungsnachbildung modifiziert werden, ohne Änderungen in benachbarten Modulen vornehmen
zu müssen.

Im Rahmen der Realisierung des Prototyps wurden Steuerungsnachbildungen für die
Steuerungen SINUMERIK 850 und HELLER UNIPRO geschaffen. Die Steuerungsnachbildung der HELLER UNIPRO wurde in der Arbeitsvorbereitung eines Werk-
zeugmaschinenherstellers installiert, getestet und praxistauglich gemacht. In den folgenden Abschnitten werden die grundlegenden Konzepte, auf denen das entwickelte
NC-Simulationssystem aufbaut, erläutert und einzelne Programmbausteine beschrieben. Bei konkreten Beispielen wird die Nachbildung der HELLER UNIPRO-Steue-
rung zugrunde gelegt. Die Steuerung wurde an das kinematische Modell des Bearbeitungszentrums Heller BEA07 (Abb. 4-18) angepaßt.

Abb. 4-18:   *Modell des Bearbeitungszentrums HELLER BEA07*

4.5.2 Programm, Werkzeug und Korrekturwertespeicher

Wie in einer realen NC-Steuerung sind in der Simulation jeder Maschine drei verschiedene Datenspeicher zugeordnet. Sie enthalten das eigentliche NC-Programm, eine Liste der eingewechselten Werkzeuge und Korrekturwerte.

Zur Übertragung des NC-Programms im DNC-Betrieb an die reale Werkzeugmaschine werden nach dem Postprozessorlauf häufig Formatumwandlungen vorgenommen, um einen schnelleren und sichereren Datenverkehr zu garantieren. Es handelt sich dabei z.B. um das Entfernen von nachfolgenden Leerzeichen oder das Austauschen des Zeichens für *"Zeilenende"* durch das Zeichen *"/"*. Auf dem DNC-Rechner in der Werkstatt werden die Änderungen rückgängig gemacht und das NC-Programm wieder in das DIN-Format umgewandelt. Das Simulationssystem übernimmt ebenfalls das NC-Programm nach DIN 66025 in einer zeilenweisen Darstellung in den Programmspeicher, d.h. eventuelle Formatumwandlungen müssen vor dem Start einer NC-Simulation rückgängig gemacht werden.

Der Werkzeugspeicher enthält eine Liste aller für die Abarbeitung des zu simulierenden Programms erforderlichen Werkzeuge. In ihm erfolgt die Zuordnung zwischen der im NC-Programm verwendeten T-Nummer und der im Unternehmen verwendeten Werkzeug-Identnummer. Die T-Nummer gilt in der Regel nur für das jeweilige Programm (ältere NC-Steuerungen erlauben sogar nur zweistellige T-Nummern), während die Identnummer eine Kenngröße des Werkzeugs für Werkzeugverwaltung, Bestellwesen oder Lagerorganisation darstellt.

Der Korrekturwertespeicher beinhaltet u.a. die verwendeten Nullpunktverschiebungen. Darüber hinaus sind die realen Werkzeuglängen, die im Betrieb vom Werkzeugeinstellgerät an die Steuerung übermittelt werden, im Korrekturwertespeicher abgelegt. Je nach Postprozessor finden dabei unterschiedliche Philosophien zur Berücksichtigung der realen Werkzeugmaße Anwendung. Einige Prozessoren verrechnen die Werkzeug-Sollängen bereits mit den anzufahrenden Koordinaten. In den Korrekturwerten sind daher lediglich die Abweichungen des tatsächlichen Werkzeugs von der Sollgeometrie abgespeichert. Das zweite Verfahren geht von einer Werkzeuglänge von 0 mm aus, d.h. die Werkzeuggeometrie bleibt bei der Erstellung des NC-Programms unberücksichtigt. Im Korrekturwertespeicher sind daher die Absolutlängen der eingesetzten Werkzeuge gespeichert, die erst bei der Abarbeitung des NC-Programms berücksichtigt werden.

Die Nachbildung aller drei Datenspeicher im Simulationssystem erfolgt mit Hilfe einer verketteten Listenstruktur (Abb. 4-19) . Jedes Listenelement enthält den Text einer Zeile des Speichers sowie Zeiger auf die voranstehende und nachfolgende Zeile. Während der Simulation wird der NC-Programmtext auf einem separaten Bildschirm dargestellt. Der Bildschirm-Cursor zeigt jeweils auf den gerade simulierten NC-Satz. Damit ist für den Anwender jederzeit eine feste Zuordnung zwischen NC-Programmtext und Maschinenbewegungen gegeben. Werkzeug- und Korrekturwerte-Speicher werden rechnerintern verwaltet. Der Anwender hat jedoch die Möglichkeit, sich nacheinander die verschiedenen Datenspeicher auf dem alphanumerischen Terminal anzeigen zu lassen. Alle Datenspeicher können mit Hilfe eines Editors geändert werden. Damit ist eine volle Kontrolle über die Eingangsdaten der NC-Simulation gegeben.

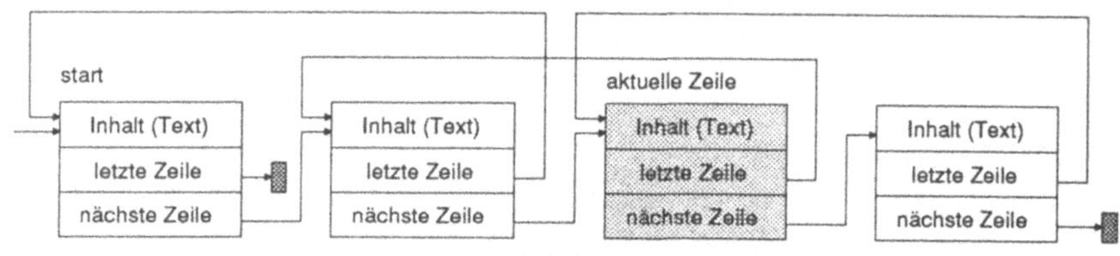

Abb. 4-19:   Verkettete Listenstruktur zur Verarbeitung der NC-Programme

4.5.3   Schnittstelle zwischen Steuerungsnachbildung und Simulationsprogramm

Um die Einbindung beliebiger, unterschiedlicher NC-Steuerungen in die Simulation zu ermöglichen, wurde im realsierten Prototyp eine klare Schnittstelle zwischen dem eigentlichen Simulationsprogramm und der Steuerungsnachbildung geschaffen. Die Definition einer neutralen Schnittstelle umfaßt die Normierung des Funktionsaufrufs und die Verwendung eines standardisierten Datenblocks.

Da jede Maschinensteuerung je nach Leistungsumfang eine unterschiedliche Anzahl von Steuerungsparametern und Zwischenergebnissen benötigt, verwaltet der steuerungsneutrale Teil des Simulationssystems lediglich die Startadresse eines Speicherbereichs, der die steuerungsinternen Zwischenergebnisse enthält.

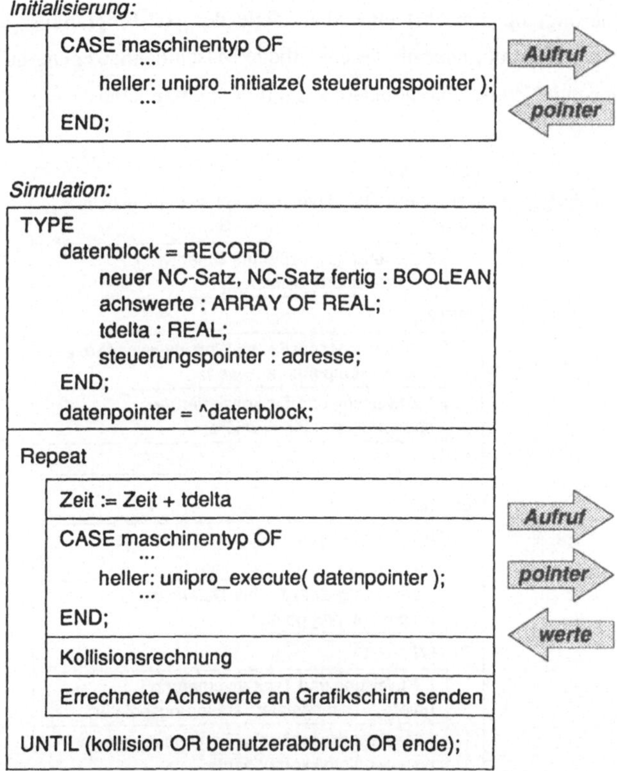

Abb. 4-20:   Schnittstelle im Hauptprogramm zur Steuerungsnachbildung

Beim Laden einer neuen Maschine in das Simulationssystem belegen steuerungsspezifische Initialisierungsprozeduren den internen Datenblock mit spezifischen Werten (Abb. 4-20 und 4-21). Das steuerungsneutrale Hauptprogramm greift nicht auf den speziellen Datenblock zu, sondern übergibt den Zeiger lediglich während der eigentlichen Simulation an die steuerungsspezifischen Prozeduren. In dem Datenfeld, auf das der Zeiger zeigt, sind alle für die Berechnung einer Maschinenbewegung notwendigen Zwischenergebnisse und Parameter gespeichert.

Zusätzlich zum steuerungsspezifischen Datenblock übergibt das Hauptprogramm die logische Größe "neuer NC-Satz" an die Steuerung. Mit Hilfe dieses Wertes entscheidet die Steuerung, ob zunächst eine neue Zeile des NC-Programms gelesen und interpretiert werden muß, oder ob die eigentliche Maschinenbewegung auf der Basis bereits vorliegender Zwischenergebnisse ausgeführt werden kann.

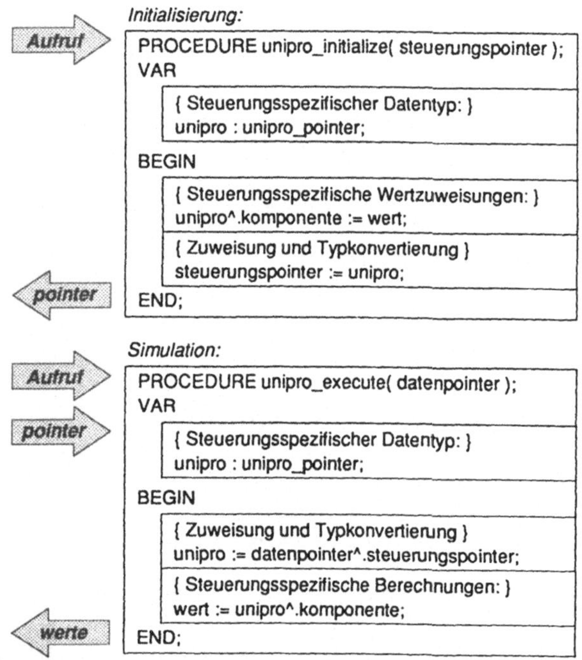

Abb. 4-21:   Schnittstelle in der Steuerungsnachbildung zum Hauptprogramm

Die Steuerungsprozeduren berechnen die Größe "NC-Satz fertig", die angibt, ob die Maschine die im aktuellen NC-Satz definierte Bewegung vollständig ausgeführt hat.

Da das Simulationshauptprogramm nicht auf den steuerungsspezifischen Datenblock zugreift, erfolgt die Rückmeldung der berechneten Achswerte an das Simulations-hauptprogramm in einem separaten Feld. Darüber hinaus muß das jeweils gültige, vom Bediener beliebig einstellbare, Zeitinkrement t_{delta} an die Steuerungsnachbildung übergeben werden.

4.5.4   Steuerungsspezifische Datenstrukturen

Wie bereits erwähnt, dienen spezielle Datenblöcke zur Speicherung aller steuerungsspezifischen Daten und Berechnungsergebnisse. Im folgenden werden beispielhaft einige wesentliche Komponenten des Datenblocks erläutert.

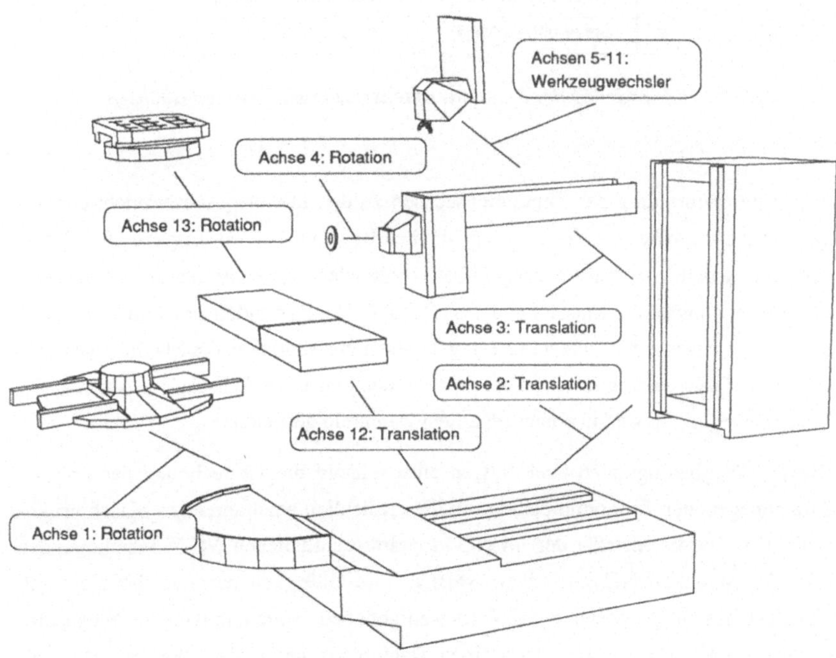

Abb. 4-22:   *Kinematisches Modell des Bearbeitungszentrums HELLER BEA07*

In Abb. 4-22 ist das Simulationsmodell des Bearbeitungszentrums HELLER BEA 07 angegeben. Die Achsen sind in einer willkürlichen Reihenfolge numeriert. Um Bestandteile und Unterprogramme der modular aufgebauten Steuerungsnachbildung für unterschiedliche Steuerungen einsetzen zu können, wird innerhalb der Steuerungsnachbildung lediglich auf die Namen der steuerbaren NC-Achsen (Bei der vorliegenden 4-Achsen Maschine die Achsen x, y, z, und b.) Bezug genommen. Dieses Vorgehen entkoppelt die Prozeduren für die Bewegungsplanung vom verwendeten Simulationsmodell. Daher sind in jedem Datenblock die Zuordnungen zwischen den Simulations-Achsnummern und den internen Achsbezeichnern angegeben (Abb. 4-23).

x	Steuerungsachse[1]	:=	simulationsachse[12];
y	Steuerungsachse[2]	:=	simulationsachse[3];
z	Steuerungsachse[3]	:=	simulationsachse[2];
b	Steuerungsachse[4]	:=	simulationsachse[13];

Abb. 4-23:   *Zuordnung der Simulationsachsen zu den Steuerungsachsen*

Neben der Zuordnung der Simulationsachsen zu den internen Achsbezeichnern enthält jeder Datenblock für die unterschiedlichen Bewegungsarten (Eilgang oder Bewegung mit Arbeitsvorschub) Angaben über verschiedene zeitkonstante Steuerungsparameter (fest eingestellte Maschinendaten) (Abb. 4-24). Es handelt sich dabei vor allem um die Grenzwerte der erlaubten Bewegungsbereiche sowie um die Maximalwerte für Geschwindigkeiten und Beschleunigungen in den einzelnen Achsen. Die Angaben für Linearbewegungen sind in einem separaten Datenfeld gespeichert.

Die NC-Wegbedingungen beeinflussen entscheidend die Umrechnung der im NC-Satz angegebenen Programmposition in die tatsächlich anzufahrenden Maschinenkoordinaten. Da die meisten der im NC-Programm enthaltenen NC-Wegbedingungen über den aktuellen NC-Satz hinaus solange ihre Gültigkeit behalten, bis sie durch Angabe eines entsprechenden NC-Wortes aufgehoben werden, müssen die Wegbedingungen ebenfalls im steuerungsinternen Datenblock gespeichert werden. Dies geschieht in einem weiteren Datenfeld des steuerungsinternen Datenblocks (Abb. 4-25).

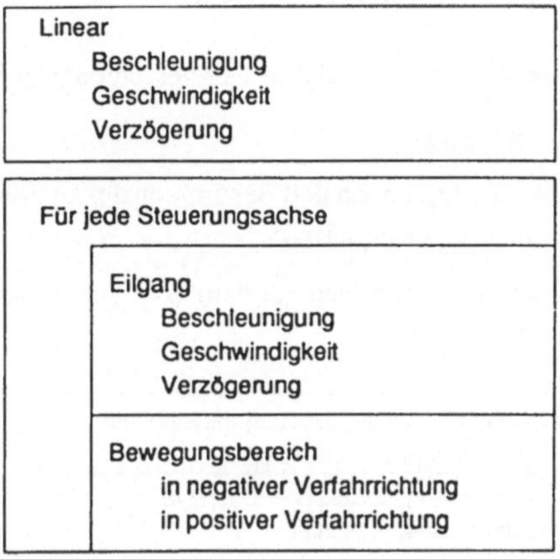

<table>
<tr><td>Linear
   Beschleunigung
   Geschwindigkeit
   Verzögerung</td></tr>
</table>

Für jede Steuerungsachse

Eilgang
   Beschleunigung
   Geschwindigkeit
   Verzögerung

Bewegungsbereich
   in negativer Verfahrrichtung
   in positiver Verfahrrichtung

Abb. 4-24:   *Zeitkonstante Maschinenparameter im Steuerungs-Datenblock*

Kriterium	mögliche Werte	NC-Wort
Bewegungsart	Eilgang, Linear, Kreis, Gewinde	G00,G01, G02,G04
Messart	inkremental, absolut	G90,G91
Maßangabe	in Zoll, metrisch	G70,G71
Wirksame Nullpunkt- verschiebung	Werte Pro Achse	G54 ··· G59
Achsparallele Korrektur	Keine, wirksame Ebene, plus, minus	G43,G44
Fräserradius- korrektur	Keine, Neuanwahl, Rechts, Links, Abwahl	G40,G41, G42
Werkzeugdaten	Länge, Durchmesser	

Abb. 4-25:   *Zeitveränderliche Wegbedingungen im Steuerungs-Datenblock*

Schließlich enthält der steuerungsinterne Datenblock noch alle Zwischenergebnisse der Bewegungsplanung, die die Grundlage der eigentlichen Positionsberechnung darstellen. Die entsprechenden Größen werden in den folgenden Abschnitten erläutert.

4.5.5 Abarbeiten eines NC-Satzes (Übersicht)

Die Verarbeitung eines NC-Satzes erfolgt in vier verschiedenen Stufen (Abb. 4-26):

- Lesen des neuen NC-Satzes,
- Verarbeiten der Wegbedingungen und Bestimmen der anzufahrenden Sollposition,
- Planen der Bewegung und schließlich
- Berechnen der Zwischenpositionen auf dem Weg von der Ist- in die Sollposition.

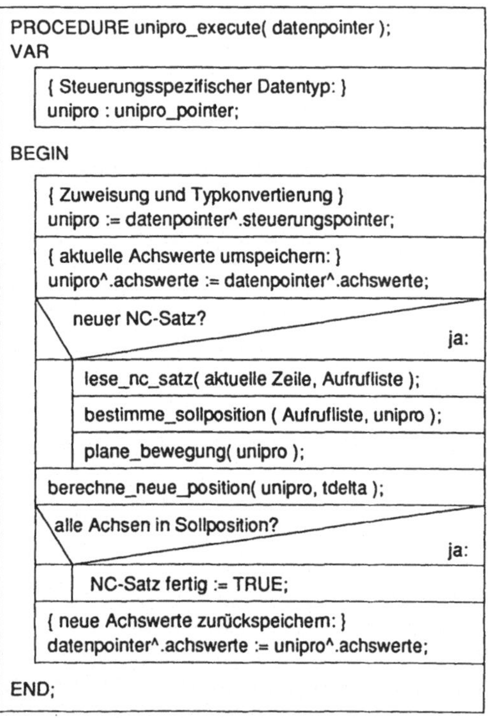

Abb. 4-26:   Übersicht über die Abarbeitung eines NC-Satzes

Beim ersten Aufruf der steuerungsspezifischen Prozeduren für die Simulation eines neuen NC-Satzes hat der Übergabeparameter *"neuer NC-Satz"* den Wert *"TRUE"*. Daher wird zunächst der aktuelle NC-Satz gelesen und dabei schrittweise auf syntaktische Korrektheit geprüft. Leseprozeduren wandeln die einzelnen Worte des NC-Satzes in eine rechnerinterne Datenstruktur um. Als Ergebnis des Lesevorgangs liegt eine Liste von NC-Worten mit den dazugehörigen Parameterwerten vor.

Im zweiten Schritt werten weitere Prozeduren diese Liste aus und speichern Wegbedingungen *("G54")* direkt im steuerungsinternen Datenblock, während Verfahranweisungen *("X200.3")* vor ihrer Abspeicherung zunächst in einen anzufahrenden Sollwert umgerechnet werden müssen. Die Prozeduren zur Umrechnung der Programm- in die Sollkoordinaten berücksichtigen dabei die jeweils geltenden Wegbedingungen (absolute Wertangabe vs. Kettenmaß, Nullpunktverschiebungen, achsparallele Fräserradiuskorrektur, etc.).

Im dritten Schritt erfolgt die Planung der Maschinenbewegung von der Ist- in die Sollposition. Abhängig von den eingestellten Wegbedingungen (Eilgang vs. Linearbewegung) berechnen die Planungsprozeduren für jede Maschinenachse die Geschwindigkeitsverteilung v(t).

Nach der Planung des Geschwindigkeitsverlaufs der zu simulierenden Maschinenbewegung, können im letzten Schritt die neuen Zwischenpositionen als Funktion der aktuellen Position und Geschwindigkeit, sowie des Recheninkrements t_{delta} berechnet werden:

$$\text{Neue Position} = f(\text{ Alte Position}, v(t), t_{delta}).$$

Die steuerungsspezifischen Prozeduren speichern die neuen Achswerte im Feld *"Achswerte"*. Nach dem Rücksprung aus der Funktion *"unipro_execute"* kann die neue Maschinenkonfiguration am Bildschirm dargestellt werden. Da die Sollposition in der Regel beim ersten Aufruf nicht erreicht wird *("NC-Satz fertig = FALSE")* erfolgen weitere Aufrufe der Funktion *"unipro_execute"*. Solange die aktuelle Position von der Sollposition abweicht, hat der Parameter *"Neuer NC-Satz"* den Wert *"FALSE"*, d.h. die ersten drei Schritte der Steuerungssimulation können übersprungen werden. Es erfolgt lediglich die Berechnung der neuen Maschinenkonfiguration auf der Basis der noch gültigen Geschwindigkeitsverteilung v(t).

Ist die Sollposition erreicht, hat die Variable *"NC-Satz fertig"* den Wert *"TRUE"*. Je nachdem, ob satzweise oder kontinuierliche Simulation angewählt wurde, beendet das

Simulations-Hauptprogramm die Simulation oder es wählt den nächsten zu simulierenden NC-Satz an und setzt den Parameter *"Neuer NC-Satz"* auf *"TRUE"*.

4.5.6 Lesen eines NC-Satzes

Beim Lesen des aktuellen NC-Satzes wandeln spezielle Prozeduren die einzelnen Worte des NC-Satzes in eine rechnerinterne Datenstruktur um. Dabei findet eine Prüfung auf syntaktische Korrektheit statt. Unzulässige Anweisungen (z.B. *"G123"*) würden die Fehlermeldung *"Unbekannter Befehl in Programmzeile"* hervorrufen. Zunächst wird aus den Adressbuchstaben der NC-Worte (*"G"*, *"M"*, *"X"*, *etc.*) ein eindeutiger Befehlscode errechnet. Die auf den Adressbuchstaben folgende Zahlenfolge wird, abhängig vom Adressbuchstaben, entweder als Befehlskennung (*"1"* in *"G01"*) oder als Zahlenwert (*"207.3"* in *"X207.3"*) interpretiert. Als Ergebnis des Lesevorgangs liegt eine Liste von NC-Worten mit den jeweils dazugehörigen Parameterwerten vor (Abb. 4-27).

NC-Satz:

N120 G00 G90 x290.3 Y-123.7

Übergabeliste:

Befehlscode (INTEGER)	Kennung (INTEGER)	Parameterwert (REAL)
0	0	
0	90	
288		290.3
289		-123.7

Abb. 4-27:   Lesen ("Parsen") eines NC-Satzes

Die Verarbeitung der in vielen Steuerungen erlaubten Parameterprogrammierung erfolgt ebenfalls bereits während des Lesevorgangs. Die Verfahranweisung *"XP40"* bedeutet "Fahre auf den Wert, den der Parameter P40 zur Zeit hat". Die Zuweisung von Werten zu den einzelnen Parametern erfolgt in Kommentaren *"(P40=12.3)"*. Die oben angegebene Verfahranweisung *"XP40"* ist damit identisch zu *"X12.3"*. Beim Lesen eines Kommentar-Satzes werden die Wertzuweisungen interpretiert und die Parameterwerte in einem internen Feld gespeichert. Beim Lesen einer Verfahranweisungen unterscheiden die Leseprozeduren zwischen der Angabe eines expliziten Zahlenwerts und der Angabe mit Hilfe von Parametern. Bei der Parameterangabe wird automatisch der Wert des Parameters gelesen und in das Übergabefeld eingetragen.

```
    L83S (C, Tieflochbohren)
 N8300   (T, P0=Referenzebene)
 N8302   (T, P1=End-Bohrtiefe)
 N8304   (T, P3=1. Bohrtiefe, Kettenmaß)
 N8306   (T, P4=Tiefenzuwachs gleichbleibend, Kettenmaß)
 N8308   (T, P5=Rückzugsweg, Kettenmaß)
 N8312   (P40=P0+P5)
 N8314   (P45=P3/2, P43=P0-P45, P44=P0-P3)
 N8316   G0      G90         ZP0
 N8318   G1                  ZP44
 N8320   G0                  ZP43
 N8322   (P41=P44-P4, P42=P44+1)
 N8324   (IF, P41-P1, 8336, 8336, 8326)
 N8326   G0                  ZP42
 N8328   G1                  ZP41
 N8330   G0                  ZP43
 N8332   (P41=P41-P4, P42=P42-P4)
 N8334   (GO, 8324)
 N8336   G0                  ZP42
 N8338   G1                  ZP1
 N8340   G0                  ZP40
 N8399                               M17
```

Abb. 4-28:   Beispiel für ein Steuerungsspezifisches Unterprogramm

Die HELLER-Steuerung UNIPRO erlaubt darüber hinaus algebraische Ausdrücke *"(P40=P4+20.5/P3)"*, die ihrerseits auf andere Parameterwerte Bezug nehmen können. Die Verarbeitung derartiger komplexer Ausdrücke erfolgt ebenfalls bereits während des Lesevorgangs. In Abb. 4-28 ist ein Beispiel für eine Parameterverarbeitung gegeben. Es handelt sich um das in der Steuerung implementierte Unterprogramm "Tieflochbohren".

4.5.7 Festlegen von Bewegungsparametern

Im zweiten Schritt erfolgt die rechnerinterne Auswertung der zuvor bestimmten Liste von NC-Worten. Während Wegbedingungen wie *"G00"* oder *"G90"* direkt im steuerungsinternen Datenblock abgespeichert werden können, erfolgt bei Anweisungen wie *"G55"* (Anwahl einer neuen Nullpunktverschiebung) der Aufruf von speziellen Unterprogrammen, die die erforderlichen Berechnungen ausführen. Im oben angegegeben Beispiel *"G55"* suchen spezielle Prozeduren im Korrekturwertespeicher nach einem Eintrag für die vier Werte der Nullpunktverschiebung in den jeweiligen Maschinenachsen und speichern sie im steuerungsspezifischen Datenblock.

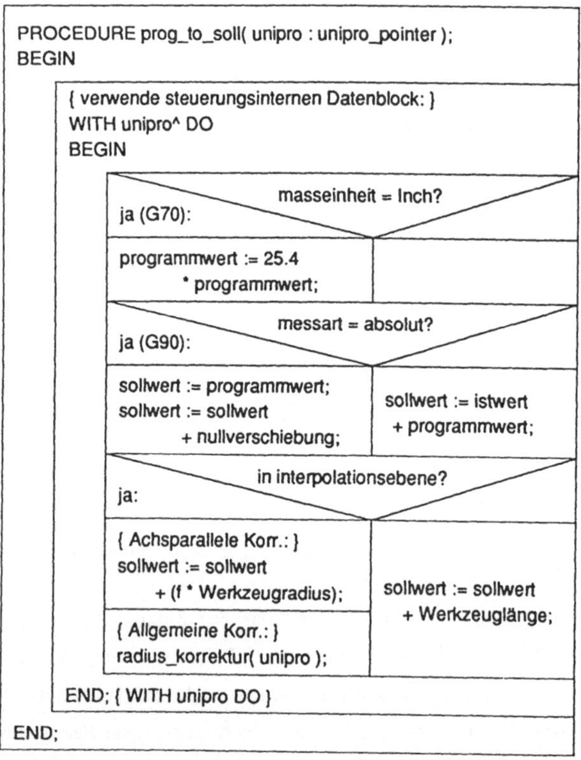

Abb. 4-29:   Umrechnung von Programm- in Maschinenkoordinaten

Weitere Prozeduren rechnen Verfahranweisungen (*"X200.3"*) unter Berücksichtigung der jeweils geltenden Wegbedingungen (absolute Wertangabe vs. Kettenmaß, Nullpunktverschiebungen, achsparallele Fräserradiuskorrektur, etc.) in einen anzufahrenden Sollwert um. In Abb. 4-29 ist das prinzipielle Vorgehen dargestellt.

4.5.8 Planen der Maschinenbewegung

Wie bereits erwähnt, erfolgt die zyklische Berechnung der neuen Maschinenposition auf der Basis der aktuellen Geschwindigkeit und des Zeitinkrements t_{delta}. Für die unterschiedlichen Bewegungsarten müssen daher in der Planungsphase die Geschwindigkeitsprofile $v(t)$ in Abhängigkeit von der eingestellten Bewegungsart (Eilgang, Geraden- oder Kreisinterpolation) berechnet werden.

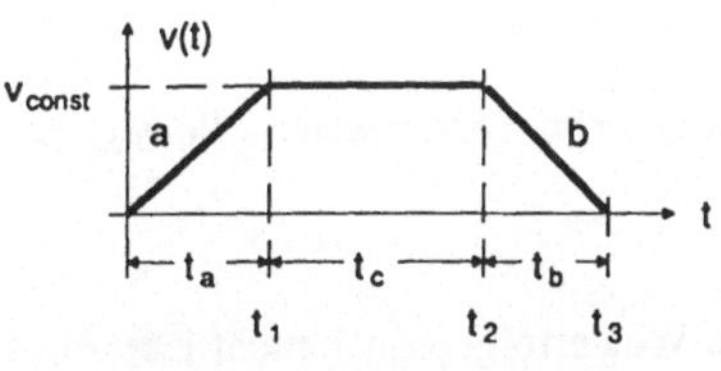

Abb. 4-30:   *Berücksichtigung von Beschleunigungs- und Bremsphase*

Eilgangbewegungen erfolgen mit hohen Geschwindigkeiten. Aus diesem Grund führt eine Annäherung des realen Geschwindigkeitsverlaufs durch eine gemittelte, konstante Geschwindigkeit zu großen Abweichungen zwischen den in der Simulation berechneten Bewegungszeiten und den an der realen Maschine gemessenen Zeiten. Um dies zu vermeiden, wird daher über jede Achse ein trapezförmiges Geschwindigkeitsprofil gelegt. In der ersten Bewegungsphase erfolgt eine konstante Beschleunigung mit dem Wert a_{const} auf die Maximalgeschwindigkeit v_{const}. Die zweite Bewegungsphase ist eine Bewegung mit konstanter Geschwindigkeit. In der dritten Bewegungsphase wird die Achse mit einer konstanten Verzögerung b_{const} abgebremst. In Abb. 4-30 ist ein typisches Geschwindigkeitsprofil angegeben.

Die HELLER Steuerung UNIPRO erlaubt die simultane Eilgang-Bewegung der drei Grundachsen (*x*-, *y*- und *z-Achse*). Abb. 4-31 zeigt den Unterschied zwischen einer Simultanbewegung und einer Bewegung, bei der beide Achsen unabhängig voneinander mit ihrer jeweils zulässigen Maximalgeschwindigkeit verfahren. Bei der Simultanbewegung werden die einzelnen Achsen so gesteuert, daß sich der Werkzeugbezugspunkt auf einer geraden Bahn durch den Raum bewegt. Die Achse, die im Einzelbetrieb die längste Zeit benötigen würde, verfährt mit Eilgang-Geschwindigkeit, die anderen Achsen verfahren mit reduzierter Geschwindigkeit.

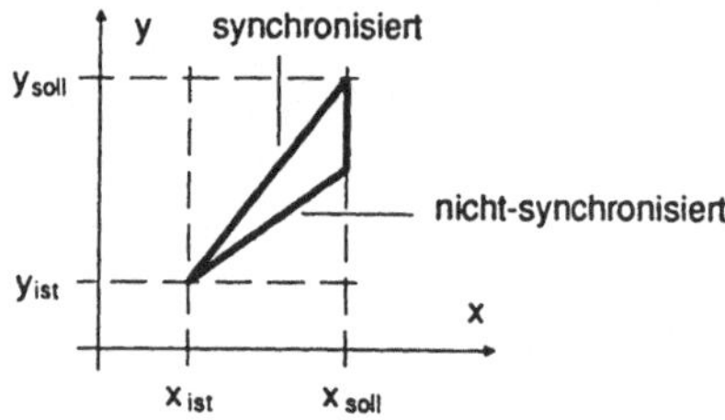

Abb. 4-31:   Synchronisierte und nicht-synchronisierte Bewegung

Abhängig vom zurückzulegenden Weg erfolgt jedoch nicht jede Achsbewegung nach dem in Abb. 4-30 dargestellten trapezförmigen Geschwindigkeitsverlauf. Ist der zurückzulegende Weg zu gering, wird die konstante Geschwindigkeit v_{const} nicht erreicht und es ergibt sich ein dreiecksförmiger Geschwindigkeitsverlauf. Daher wird für jede Achse zunächst die theoretische Geschwindigkeit v_{theor} errechnet, die sich bei einer Bewegung ergibt, die nur aus Beschleunigungs- und Bremsphase besteht. In Abb. 4-32 ist ein solcher Geschwindigkeitsverlauf dargestellt. Die Gleichung, nach der sich v_{theor} aus dem zurückzulegenden Weg und den maximal zulässigen Beschleunigungs- und Bremswerten berechnet, ist ebenfalls in Abb. 4-32 angegeben.

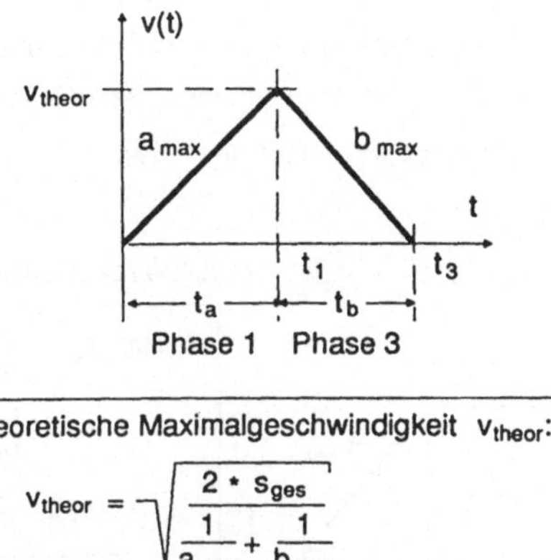

theoretische Maximalgeschwindigkeit v_{theor}:

$$v_{theor} = \sqrt{\dfrac{2 * s_{ges}}{\dfrac{1}{a_{max}} + \dfrac{1}{b_{max}}}}$$

Abb. 4-32:   *Berechnung der theoretischen Maximalgeschwindigkeit v_{theor}*

Nach Berechnung der theoretischen Maximalgeschwindigkeit v_{theor} kann die für die Bewegung der einzelnen Achsen benötigte Zeit t_{ges} berechnet werden (Abb. 4-33).

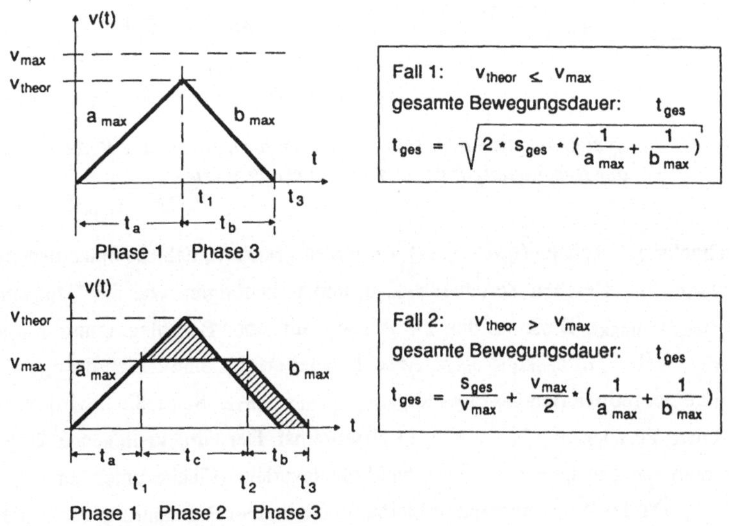

Abb. 4-33:   *Berechnung der Bewegungsdauer t_{ges}*

Um eine synchronisierte Bewegung zu ermöglichen, muß die Achse, die die längste
Zeit ($t_{ges} = t_{max}$) benötigt, die Bewegung aller anderen Achsen bestimmen. Für die
Achse, die die längste Zeit t_{max} benötigt, können daher im folgenden die konstanten
Zeitanteile t_a, t_b und t_c berechnet werden (Abb. 4-34).

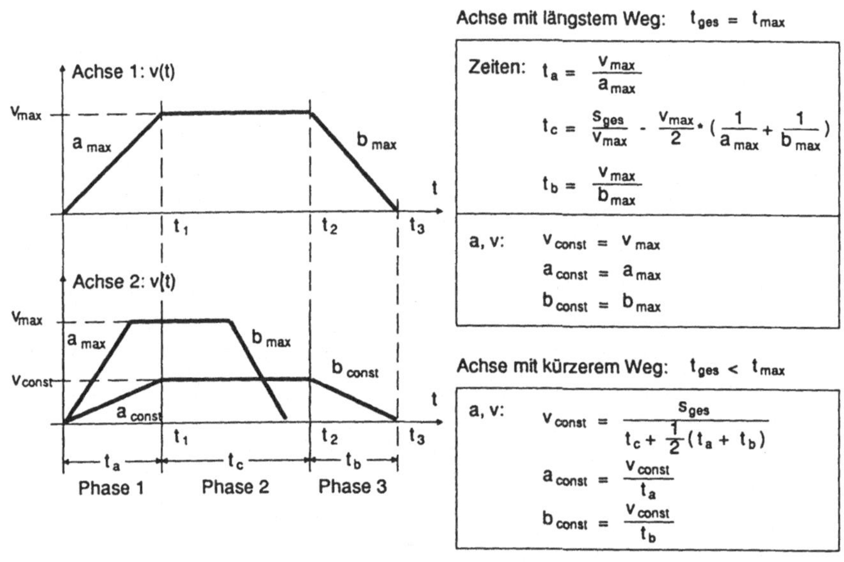

Abb. 4-34:   *Synchronisaton der "schnelleren" Achsen durch eine Reduzierung
der Beschleunigungs- und Verzögerungswerte*

Die "schnelleren" Achsen ($t_{ges} < t_{max}$) werden so gesteuert, daß die einzelnen Bewe-
gungsphasen die gleichen Zeitanteile t_a, t_b und t_c benötigen, wie die "langsamste"
Achse ($t_{ges} = t_{max}$). Dazu werden die Achsen mit einer Beschleunigung a_{const} beschleunigt, wobei gilt $a_{const} < a_{max}$. Anschließend erfolgt eine gleichförmige Bewegung mit einer reduzierten Geschwindigkeit $v_{const} < v_{max}$. Schließlich wird die Achse mit einer Verzögerung $b_{const} < b_{max}$ abgebremst. Der zurückzulegende Weg entspricht dem Integral über dem Geschwindigkeitsverlauf (Fläche unter der Kurve in
Abb. 4-30). Da der Weg unverändert bleibt, muß bei einer Reduzierung der Beschleunigungen und Geschwindigkeiten die Fläche unter der Kurve konstant bleiben. In Abb

4-34 sind die Gleichungen angegeben, nach denen sich die reduzierten Bewegungs-
werte a_{const}, v_{const} und b_{const} für die "schnelleren" Achsen ($t_{ges} < t_{max}$) berechnen.

Zusätzlich zu den Bewegungswerten werden in der Planungsphase die nach Abschluß
der jeweiligen Bewegungsphase erreichten Achspositionen $s_1 = s(t_1)$, $s_2 = s(t_2)$ und s_3
$= s(t_3)$ berechnet (Abb 4-35). Alle Ergebnisse werden im bereits erläuterten Steuerungs-Datenblock gespeichert und stehen für die Berechnung der Zwischenpositionen
zur Verfügung.

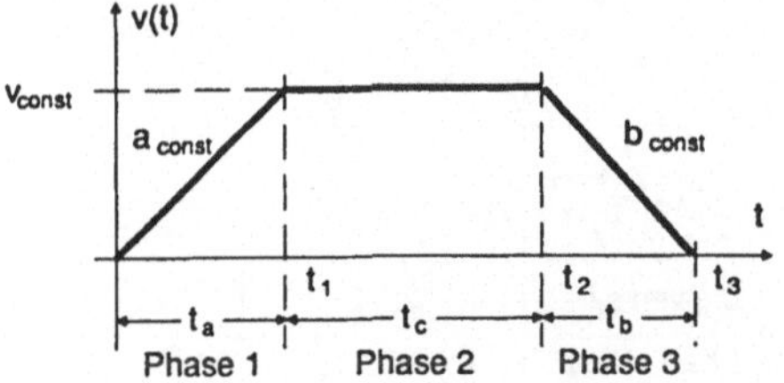

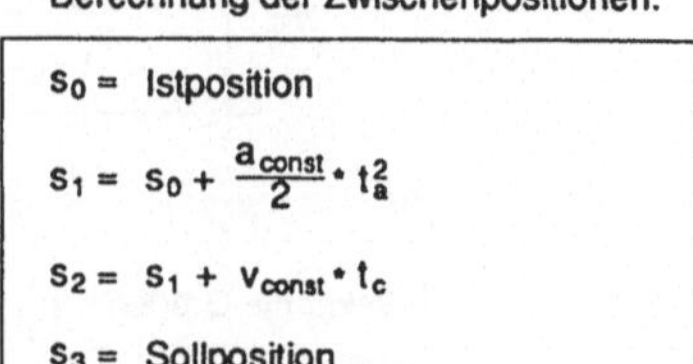

$$s_0 = \text{Istposition}$$
$$s_1 = s_0 + \frac{a_{const}}{2} \cdot t_a^2$$
$$s_2 = s_1 + v_{const} \cdot t_c$$
$$s_3 = \text{Sollposition}$$

Abb. 4-35:   *Berechnung der Zwischenpositionen s_1, s_2 und s_3*

Bei der Geradeninterpolation ist das Vorgehen analog zur Planung einer Eilgangbewegung: Zunächst wird über den zurückzulegenden Weg ein trapezförmiges Geschwindigkeitsprofil gelegt. Die maximale Bahngeschwindigkeit entspricht dem im
NC-Programm definierten Parameter *"F"* (feedrate). Nach der Berechnung der Zeitanteile t_a, t_c und t_b können die Beschleunigungs- und Geschwindigkeitswerte für alle
synchron verfahrenden Achsen berechnet werden.

Die Planung der Kreisinterpolation erfolgt auf der Basis von Zylinderkoordinaten
(Abb. 4-36). Zunächst muß der Mittelpunkt M der Kreisbewegung bestimmt werden.
Die Angabe des Mittelpunkts kann explizit über die Interpolationsparameter *"I"*, *"J"*,
bzw. *"K"* im NC-Satz erfolgen. Die Interpolationsparameter geben für jede Achse den
Abstand des Mittelpunkts zur Startposition an. Bei der Programmierung mit expliziter
Angabe des Mittelpunkts ist der Kreis geometrisch überbestimmt. Es wird daher
rechnerintern der Abstand zwischen Startposition und Mittelpunkt, sowie zwischen
Endposition und Mittelpunkt berechnet. Überschreitet die Abweichung der beiden

Radiusangaben einen Toleranzwert tol, wird die Bewegungsplanung abgebrochen und
eine Fehlermeldung wird ausgegeben.

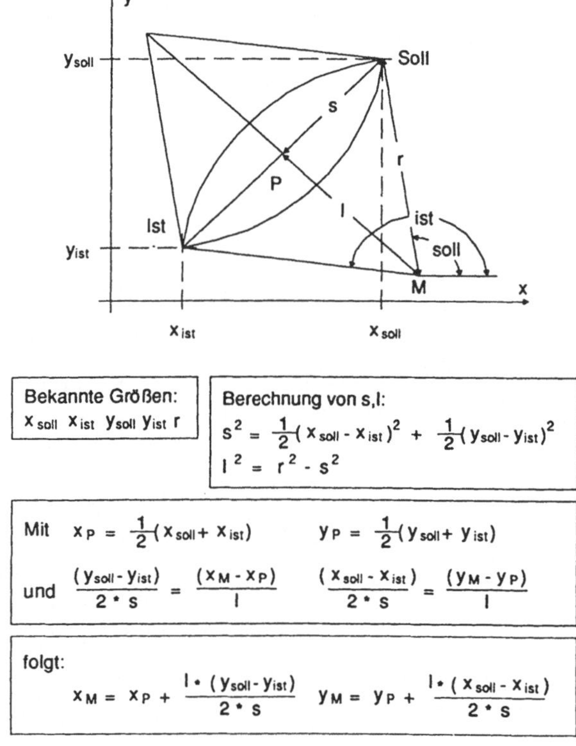

Abb. 4-36:   *Berechnung des Mittelpunkts für die Kreisinterpolation*

Eine weitere Möglichkeit zur Definition einer Kreisinterpolation, die ebenfalls im
entwickelten Prototyp berücksichtigt wurde, stellt die Angabe des Radius r über den
Parameter *"P"* im NC-Satz dar. In diesem Fall muß zunächst der Mittelpunkt M
berechnet werden. Abhängig vom Vorzeichen von r sowie der eingestellten Wegbe-
dingung ("im Uhrzeigersinn" oder "gegen den Uhrzeigersinn") ergeben sich unterschiedliche Werte für den Mittelpunkt M. In Abb 4-36 sind die grundlegenden Zu-
sammenhänge dargestellt.

Nach Berechnung des Mittelpunkts M erfolgt die Berechnung des Startwinkels "ist" und des Sollwinkels "soll". Die Winkel werden jeweils zwischen der Horizontalen und der Ist- bzw. Sollposition gemessen. Da Kreisinterpolationen mit im Vergleich zu Eilgangbewegungen geringen Geschwindigkeiten ausgeführt werden, besteht keine Notwendigkeit, Beschleunigungs- und Bremsphase in der Simulation zu berücksichtigen. Es wird daher zwischen Ist- und Sollwinkel eine gleichförmige Bewegung mit konstanter Winkelgeschwindigkeit angenommen. Durch diese Vereinfachung ergeben sich keinerlei geometrische Fehler, da sowohl die simulierte, als auch die reale Maschinenbewegung exakt dem Kreisverlauf folgen. Eventuelle Kollisionen werden daher in jedem Fall auch in der Simulation erkannt. Die Werte für Mittelpunkt, Radius, Start- und Sollwinkel werden als Eingabedaten für die Berechnung von Zwischenpositionen im steuerungsspezifischen Datenblock gespeichert.

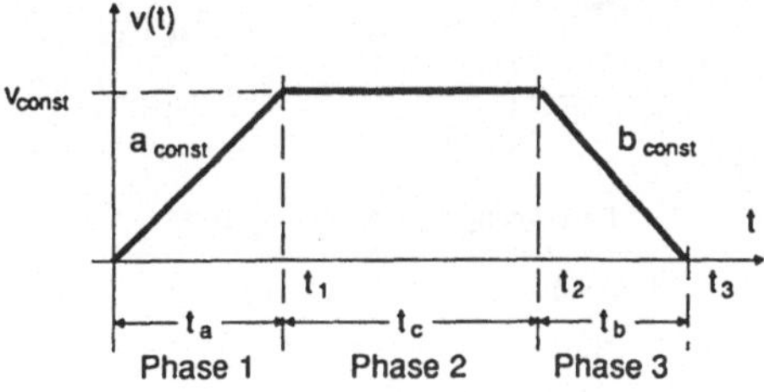

Berechnung der aktuellen Position:

$$\text{Phase 1:} \quad s(t) = s_0 + \frac{a_{const}}{2} \cdot (t - t_0)^2$$

$$\text{Phase 2:} \quad s(t) = s_1 + v_{const} \cdot (t - t_1)$$

$$\text{Phase 3:} \quad s(t) = s_3 - \frac{b_{const}}{2} \cdot (t_3 - t)^2$$

Abb. 4-37: Ausführen einer Linearbewegung

4.5.9 Ausführen der Maschinenbewegung

Während der eigentlichen Simulation der Maschinenbewegung werden die aktuellen Achswerte s(t) auf der Basis der in der Planungsphase gewonnenen Zwischenergebnisse berechnet. Bei Eilgang-Bewegungen und Geradeninterpolationen wird die Bewegung zwischen Ist- und Sollposition wie erläutert in drei Phasen (Phase konstanter Beschleunigung mit a_{const}, Bewegung mit konstanter Geschwindigkeit v_{const} und Bremsphase mit konstanter Verzögerung b_{const}) unterteilt. Abhängig vom jeweiligen Bewegungszustand erfolgt die Berechnung der aktuellen Achswerte mit Hilfe der in Abb. 4-37 angegebenen Gleichungen. Die Berechnung der Zwischenpositionen bei der Kreisinterpolation ist in Abb. 4-38 angegeben.

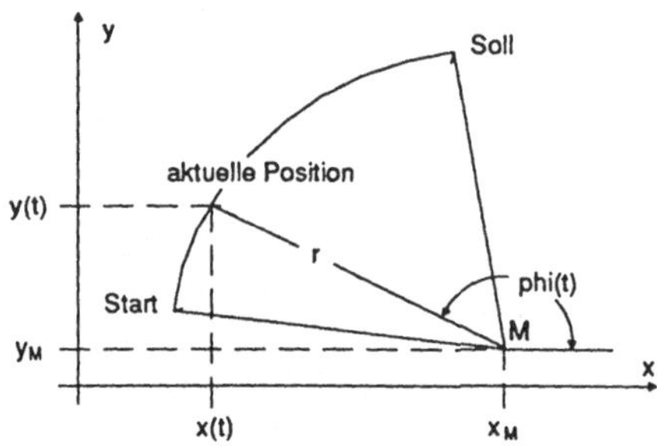

Abb. 4-38:   Ausführen einer Zirkularbewegung

4.5.10 Werkzeugbahnkorrektur

Die in DIN 66025 genormten Befehle zur Definition einer Werkzeugbahnkorrektur (*"G41"*, *"G42"*) ermöglichen die Programmierung einer zu fräsenden Kontur unabhängig von den verwendeten Werkzeugabmessungen. Der Programmierer definiert lediglich den Konturzug, der die zu bearbeitende Fläche umschließt. Die Steuerung der Werkzeugmaschine berücksichtigt automatisch den aktuellen Fräserradius und generiert eine neue Fräsermittelpunktsbahn so, daß sich der Fräser jeweils tangential an der zu fräsenden Kontur entlang bewegt. Die allgemeine Werkzeugbahnkorrektur stellt eine Verallgemeinerung der achsparallelen Werkzeugbahnkorrektur (*"G43"*,

"G44") dar. Bei der achsparallelen Werkzeugbahnkorrektur erfolgt eine Bahnkorrektur lediglich in Richtung der Interpolationsachsen, d.h. der Fräserradius wird zum Wert der anzufahrenden Koordinate addiert, bzw. davon subtrahiert. Die achsparallele Werkzeugbahnkorrektur ist somit nur für Bearbeitungen, die parallel zu einer der Hauptachsen der Maschine erfolgen sollen, anwendbar. Die allgemeine Fräserradiuskorrektur gilt für Geraden beliebiger Steigung sowie für Kreise mit beliebigem Radius, wobei der Kreisradius größer sein muß als der Werkzeugradius.

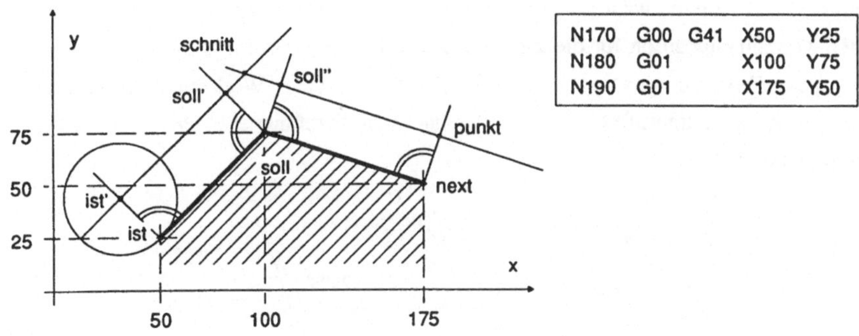

Abb. 4-39:   *Veränderter Werkzeugweg nach Anwahl einer Fräserradiuskorrektur*

In Abb. 4-39 ist ein Beispiel für die allgemeine Fräserradiuskorrektur angegeben. Die zu fräsende Kontur ist durch die NC-Sätze *N170* (Eilgangbewegung in die Position *ist*; Anwahl der Fräserradiuskorrektur), *N180* (Bewegung in die Position *soll* mit Geradeninterpolation) und *N190* (Bewegung in die Position *next* mit Geradeninterpolation) gegeben. Zur Berechnung der tatsächlichen Werkzeugbewegungen werden im realisierten Prototyp die Größen *ist, soll* und *punkt* eingeführt. Die Linie *ist'-soll'* stellt eine um den Fräserradius nach außen verschobene Parallele zur Konturkante *ist-soll* dar. Auf die gleiche Art wird die Linie *soll''-punkt* aus der Konturkante *soll-next* berechnet. Der Punkt *schnitt* ist der Schnittpunkt der beiden Parallelen. Die Bahn des Werkzeugmittelpunkts ergibt sich daraus zu *ist', soll', schnitt, soll''* und *punkt*. In Abhängigkeit des Winkels zwischen den beiden Geraden *ist'-soll'* und *soll''-punkt*, bzw. eines möglichen Wechsels zwischen Geraden- und Kreisinterpolation, ergibt sich jeweils eine andere Zwischenposition *schnitt*. Um aus den im aktuellen NC-Satz *N180* angegeben Programmkoordinaten *soll* die tatsächlich anzufahrenden Maschinenkoordinaten zu errechnen, muß daher zunächst die auf den aktuellen NC-Satz folgende Bewegung *soll* nach *next* (*N190*) berücksichtigt werden.

Aus diesem Grund erfolgt der Aufruf der Prozeduren zur Nachbildung der Radiuskorrektur bereits während der Umrechnung der im NC-Satz angegebenen Programmposition in die tatsächlich anzufahrende Maschinenposition (vgl. Abb. 4-26) und vor der eigentlichen Bewegungsplanung (Bestimmung von Geschwindigkeits- und Beschleunigungsverteilungen während der Bewegung). Beim Bestimmen der neu anzufahrenden Maschinenposition für die Bewegung aus der aktuellen Programmposition *ist* in die neue Programmposition *soll* wird bei eingeschalteter Werkzeugradiuskorrektur eine Prozedur aufgerufen, die nach der nächsten anzufahrenden Programmposition *next* sucht.

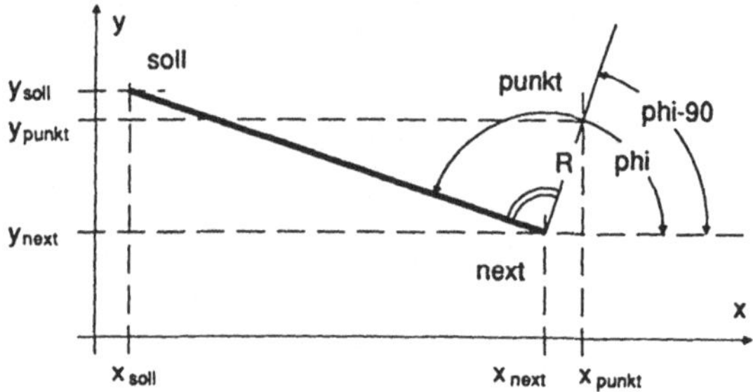

Abb. 4-40:   *Berechnung der Hilfsgröße "punkt"*

Anschließend werden für jeden Punkt die entsprechenden korrigierten Positionen berechnet. In Abb. 4-40 ist die Berechnung der Position *punkt* auf der Basis von *next* dargestellt. Zur Berechnung der korrigierten Position wird die Tangente im Punkt *next* bestimmt. Der Steigungswinkel wird, abhängig von der Art der eingestellten Fräserradiuskorrektur (*"G41"* oder *"G42"*), um 90° vergrößert, bzw. verkleinert. Aus der alten Position *next*, dem Werkzeugradius r und dem korrigierten Steigungswinkel kann nun die korrigierte Position *punkt* berechnet werden. Da das Berechnungsverfahren auf der jeweiligen Steigung im Punkt *next* beruht, können damit nicht nur Bewegungen in Geradeninterpolation, sondern auch Kreisinterpolationen berechnet werden.

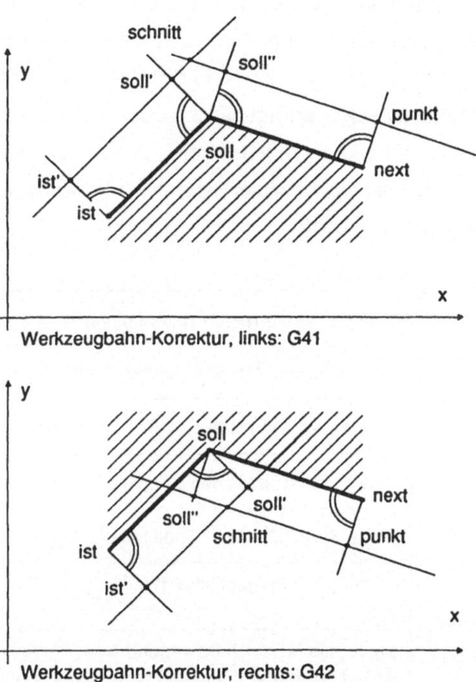

Abb. 4-41:   *Berechnung eines unterschiedlichen Schnittpunkts "schnitt" in Abhängigkeit von der Art der angewählten Fräserradiuskorrektur*

Nach Abschluß der Berechnung der vier korrigierten Positionen *ist'*, *soll'*, *soll"* und *punkt* erfolgt die Bestimmung des Schnittpunkts *schnitt*. Bei der Bestimmung des Schnittpunkts müssen die bei den Bewegungen von *ist* nach *soll* und bei der Bewegung von *soll* nach *next* geltenden Interpolationsarten (Geraden- oder Kreisinterpolation) berücksichtigt werden. D.h. der Punkt *schnitt* ergibt sich entweder als Schnitt zweier Geraden, als Schnitt einer Geraden mit einem Kreis, oder als Schnitt zweier Kreise. Da sich bei den beiden letztgenannten Fällen jeweils zwei mögliche Schnittpunkte ergeben, stellt sich zunächst das Problem, den korrekten Schnittpunkt *schnitt* auszuwählen.

Abhängig von der Lage des Schnittpunkts lassen sich zwei Fälle unterscheiden (Abb. 4-41): Liegt der Schnittpunkt innerhalb der Strecke *ist'-soll'*, erfolgt die Bewegung direkt von der Position *ist'* über den Schnittpunkt *schnitt* in die Position *punkt*. Die beiden Positionen *soll'* und *soll''* werden nicht erreicht. Liegt der Schnittpunkt dagegen außerhalb der Linie *ist'-soll'*, erfolgt zunächst eine Bewegung von *ist'* über *soll'* in den Schnittpunkt *schnitt* und anschließend eine Bewegung über *soll''* in die Position *punkt*. In Abb. 4-42 sind die einzelnen Berechnungsschritte der Fräserradiuskorrektur zusammenfassend dargestellt.

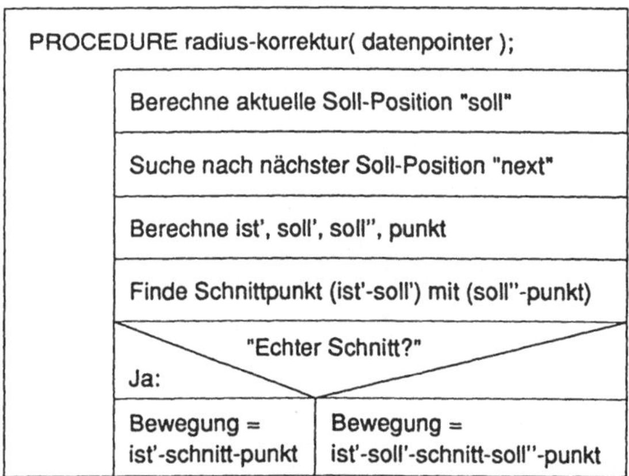

Abb. 4-42:   Zusammenfassung der Fräserradiuskorrektur

Die errechneten Zwischenpunkte und Positionen werden an das Steuerungsmodul übergeben. Auf der Basis der tatsächlich anzufahrenden Zwischenposition *schnitt* erfolgt anschließend die Bewegungsplanung, d.h. die Berechnung von Geschwindigkeits- und Beschleunigungsverteilungen.

4.5.11 Unterprogramme

Die Verarbeitung von maschinenspezifischen Unterprogrammen (vgl. Abb. 4-28) erfolgt in der NC-Simulation analog zur Abarbeitung des eigentlichen NC-Hauptprogramms. Alle Unterprogramme sind als Textdateien abgespeichert und können vom Anwender beliebig geändert werden. Beim Aufruf eines Unterprogramms (z.B. *"L8301"*) lesen spezielle Prozeduren das Unterprogramm aus der Datei ein und bauen, wie in Abschnitt 4.5.2 erläutert, eine rechnerinterne Datenstruktur auf. Das Hauptprogramm wird vom alphanumerischen Bildschirm gelöscht und das Unterprogramm wird dargestellt. Die Abarbeitung des Unterprogramms erfolgt analog der Abarbeitung des NC-Hauptprogramms. Der Aufruf des NC-Worts *"M17"* (Ende Unterprogramm) bewirkt die erneute Darstellung des NC-Hauptprogramms auf dem alphanumerischen Schirm und die Fortführung der Simulation mit dem nächsten NC-Satz des Hauptprogramms.

4.5.12 Sprünge und Verzweigungen

Sprünge (unbedingte Sprunganweisung *"GO, 170"*) und Verzweigungen (bedingte Sprunganweisung *"IF, P40-P3, 170, 180, 190"*) werden in der NC-Simulation ebenfalls verarbeitet. Im ersten Fall *("GO, 170")* wird der NC-Programmspeicher beginnend am Programmstart nach dem NC-Satz mit Nummer 170 durchsucht. Dieser Suchvorgang findet rechnerintern auf der Basis der Zeigerstruktur statt, wie sie in Abschnitt 4.5.2 erläutert wurde. Ist die entsprechende NC-Zeile gefunden, wird der alphanumerische Bildschirm neu aufgebaut und die gesuchte Zeile erscheint in der Mitte des Fensters. Anschließend wird die Simulation mit der angewählten Zeile in beschriebener Weise fortgesetzt.

Der zweite Fall einer Programmverzweigung *("IF, P40-P3, 170, 180, 190")* stellt lediglich eine Verallgemeinerung der unbedingten Sprunganweisung dar. Zunächst muß der algebraische Ausdruck *"P40-P3"* ausgewertet werden. Abhängig davon, ob der Wert des Ausdrucks größer, gleich oder kleiner Null ist, wird der NC-Satz mit Nummer 170, 180 oder 190 angewählt. Die Auswertung des algebraischen Ausdrucks und die Auswahl der anzuspringenden NC-Programmzeile erfolgt dabei, wie bereits dargestellt, bereits in der Phase des Lesens ("Parsens") des aktuellen NC-Satzes.

4.5.13 Werkzeugwechsel als Beispiel für Sonderfunktionen

Während der Ausführung eines NC-Programms in der Werkstatt treten Kollisionen insbesondere auch bei Maschinenfunktionen, wie z.B. dem Werkzeugwechsel, auf. Zur Durchführung des Werkzeugwechsels an den realen Maschinen werden zwei prinzipiell unterschiedliche Verfahren angewendet:

– Das Anfahren einer konstruktiv festgelegten Werkzeugwechselposition, an der die Werkzeugübergabe erfolgt oder

– der Werkzeugwechsel im Arbeitsraum direkt am Werkstück mit Hilfe eines mitbewegten Werkzeugmagazins oder eines zusätzlichen Portalladers, der in den Arbeitsraum der Maschine einfährt.

Um Kollisionen zwischen Werkzeug und Werkstück während des Werkzeugwechsels auszuschießen, liegt die konstruktiv festgelegte Werkzeugwechselposition bei feststehenden Werkzeugmagazinen immer weit genug außerhalb des Arbeitsraums. Bei Werkzeugmaschinen mit mitbewegtem Werkzeugmagazin kann der Werkzeugwechsel dagegen direkt am Werkstück durchgeführt werden. Es liegt daher in der Verantwortung des Programmierers, vor dem eigentlichen Werkzeugwechsel eine Sicherheitsposition anzufahren, um Kollisionen zu vermeiden. In der Regel wird dazu der Ständer der Maschine in z-Richtung bis in die zulässige Endposition verfahren. Dadurch wird jedoch der Vorteil des Maschinenkonzepts, das einen schnelleren Werkzeugwechsel durch kürzere Wege ermöglichen soll, zunichte gemacht.

Die grafische NC-Simulation bietet dem NC-Programmierer erstmals die Möglichkeit, die Werkzeugwechselposition zu optimieren. Der NC-Programmierer kann eine Position wählen, die einerseits möglichst nahe am Werkstück liegt, aber andererseits weit genug entfernt ist, so daß keinerlei Kollisionen während des Werkzeugwechsels auftreten können. Durch dieses Vorgehen läßt sich die Programm-Ausführungszeit reduzieren, was zu erheblichen Kosteneinsparungen führen kann.

Wie bei der Planung einer Bewegung in Abschnitt 4.5.8 bereits dargelegt wurde, verläuft die Bewegung von einer Start- in eine Zielposition in drei Phasen mit einem unterschiedlichen Geschwindigkeitsverlauf. Nach jedem Durchlauf innerhalb der Zeitschleife findet eine Prüfung statt, ob das Ende der aktuellen Bewegungsphase erreicht wurde. Nach dem Ende der aktuellen Bewegungsphase wird entweder die nächste Phase angewählt oder die Simulation des NC-Satzes wird beendet (*"NC-Satz fertig"* = *"TRUE"*). Die grafische Simulation des Werkzeugwechsels erfolgt mit Hilfe eines analogen Verfahrens: Der Werkzeugwechsel wird in unterschiedliche Phasen unterteilt (vgl. Abb 4-43) und in Echtzeit simuliert.

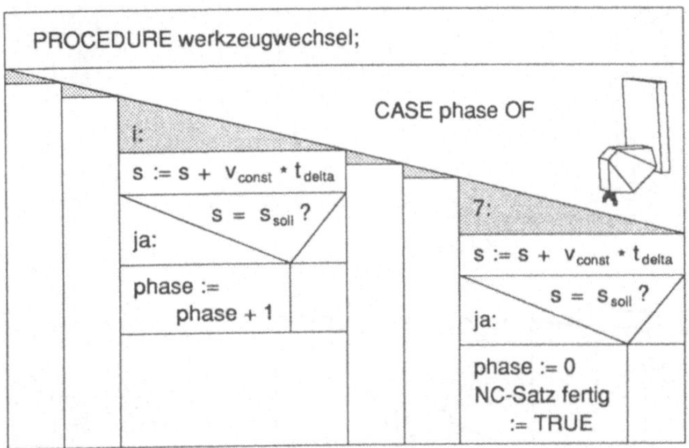

Abb. 4-43:   *Programmtechnische Nachbildung des Werkzeugwechsels durch unterschiedliche Phasen*

Die in den einzelnen Phasen stattfindenden Bewegungen (Abb. 4-44) werden in der Simulation vereinfacht dargestellt. Dazu wird jeweils eine gleichförmige Bewegung mit konstanter Geschwindigkeit angenommen. In der ersten Phase öffnet sich die Klappe über dem Werkzeugwechsler. In der zweiten Phase schießen sich die Greifer und greifen gleichzeitig das in der Spindel und das im Werkzeugmagazin befindliche Werkzeug. In der dritten Phase erfolgt eine translatorische Bewegung. Dabei werden beide Werkzeuge aus ihren Haltern gelöst. In der vierten Phase findet eine Drehung des Wechslers um 180° statt. In der fünften Phase wird der Wechsler in einer translatorischen Bewegung zurück in die Ausgangsposition bewegt. Am Ende der fünften Phase befindet sich das auszuwechselnde Werkzeug in der Wechselposition des Werkzeugmagazins. Das neue Werkzeug befindet sich in der Hauptspindel. In der sechsten Phase werden die Greifer zurückbewegt und geben die Werkzeuge frei. Abschließend wird die Klappe über dem Werkzeugwechsler geschlossen.

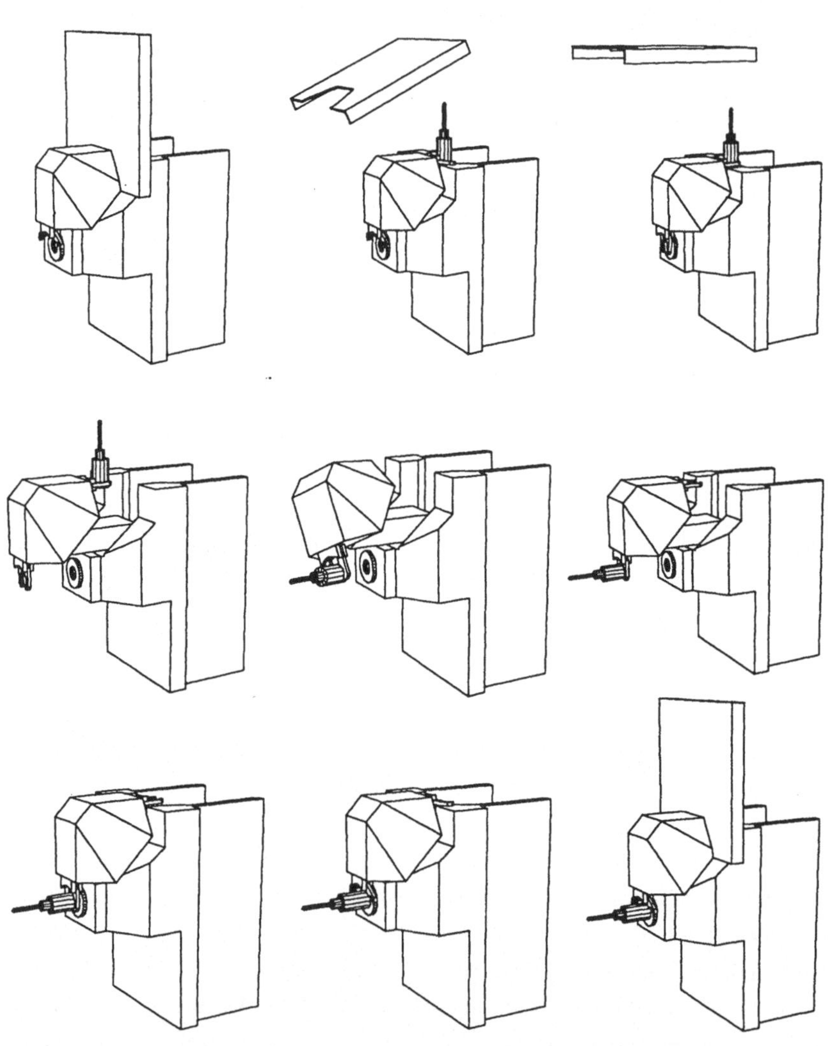

Abb. 4-43:   Darstellung des Werkzeugwechsels in der Simulation

Ist die Sollposition der letzten Phase erreicht, wird der Parameter "NC-Satz fertig" auf "TRUE" gesetzt. Das Simulations-Hauptprogramm kann nun den auf den Werkzeugwechsel folgenden NC-Satz anwählen.

4.6 Kollisionserkennung

Nachdem in den vorangegangenen Abschnitten die Umrechnung der NC-Programm-
informationen in Achswerte mit Hilfe von steuerungsspezifischen Prozeduren erläutert wurde, soll im folgenden auf die sehr wichtige Frage der rechnerischen Kollisionserkennung eingegangen werden. Wie bereits erwähnt, stellt die automatische
Erkennung von Programmfehlern eine wesentliche Anforderung an ein leistungsfähiges NC-Simulationssystem dar. Aus diesem Grund wurden im Rahmen der vorliegenden Arbeit Algorithmen entwickelt, implementiert und getestet, die eine schnelle
rechnerische Erkennung von Kollisionen zwischen mehreren Objekten gewährleisten.
Da die im Prototyp implementierten Algorithmen Weiterentwicklungen von verschiedenen, in der Literatur beschriebenen, Ansätzen darstellen, werden diese im folgenden zunächst kurz dargestellt.

4.6.1 Statische und dynamische Kollisionserkennung

Die ersten Arbeiten zur rechnerischen Kollisionserkennung stammen aus dem Gebiet
der Robotersimulation [43,44,45,46,47]. Sie dienten zunächst zur Erkennung von
Kollisionen zwischen Roboter und Komponenten der Roboter-Arbeitszelle. Gegen-
wärtige Entwicklungen in diesem Bereich konzentrieren sich auf die Generierung
kollisionsfreier Bahnen des Roboterarms durch eine Reihe von Hindernissen.

Die statische Kollisionskontrolle dient zur Überprüfung einer Simulationssituation zu
einem festen Zeitpunkt t. Auf der Basis der aktuellen Positionen aller beteiligten
Objekte zum Zeitpunkt t wird überprüft, ob sich zwei Objekte schneiden. Die dynamische Kollisionskontrolle dagegen berücksichtigt die Bewegungen aller Objekte innerhalb eines Zeitintervalls zwischen zwei Zeitpunkten t_{start} und t_{stop}. Zur allgemeinen
rechnerischen Erkennung von Kollisionen zwischen mehreren willkürlich im Raum
bewegten Objekten (dynamische Kollisionskontrolle) können zwei prinzipiell unterschiedliche Verfahren angewendet werden:

Beim inkrementalen Verfahren werden in einer Zeitschleife zunächst jeweils die aktuellen Positionen der einzelnen Objekte berechnet. Zu jedem Zeitpunkt wird anschließend ein statischer Kollisionstest zwischen den Objekten in ihrer aktuellen Lage

durchgeführt. Dieses Verfahren setzt jedoch die Verwendung eines kleinen Zeitinkre-ments t_{delta} voraus. Bei zu goßen Zeitinkrementen besteht die Gefahr, daß auftretende Kollisionen nicht erkannt werden (Abb. 4-45). Während der Bewegung eines Objekts, ausgehend von einer Start- in eine Zielposition, müssen daher eine große Anzahl statischer Kollisionstests durchgeführt werden.

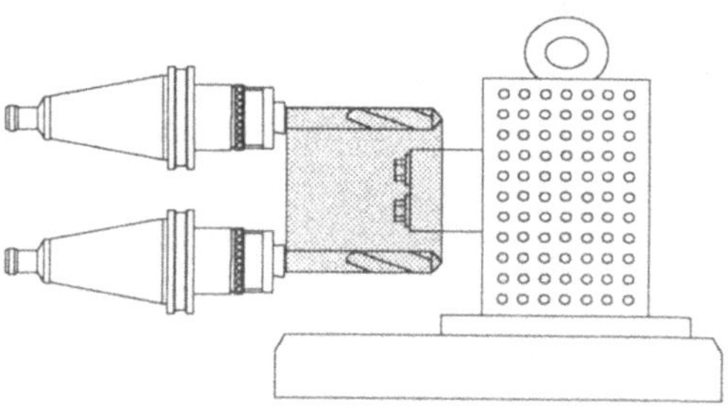

Abb. 4-45:   *Vom Werkzeug überstrichenes Volumen*

Das kontinuierliche Verfahren basiert auf der Verwendung sogenannter "Swept So-lids" oder "Sweeping Volumes" [47,48]. Zunächst wird der während der Bewegung eines Objekt durchquerte Raum ("Volumenspur") berechnet und als neues Objekt abgespeichert. Anschließend findet ein statischer Kollisionstest auf der Basis der unterschiedlichen Volumenspuren statt. Durch dieses Vorgehen ist sichergestellt, daß alle innerhalb des Zeitintervalls auftretenden Kollisionen erkannt werden. Bei der Verwendung von Volumenspuren kann jedoch der Fall auftreten, daß sich die Volu-menspuren zweier Objekte schneiden, obwohl die tatsächliche Bewegung der Objekte kollisionsfrei erfolgt.

Durch die Behandlung der Volumenspuren als neue Objekte mit gleicher Datenstruk-tur wie die bewegten Grundkörper, lassen sich somit beide Verfahren auf das Problem der statischen Kollisionserkennung zurückführen. Darüber hinaus muß das Zeitinkre-ment t_{delta} zwischen der Berechnung zweier aufeinanderfolgender Maschinenkonfigu-rationen ohnehin sehr klein sein, um die NC-Bearbeitung als fließende Bewegungen auf dem Grafikbildschirm darzustellen. Im neu entwickelten Prototyp wurde daher ein Algorithmus für eine schnelle statische Kollisionskontrolle implementiert. Der Aufruf der Kollisionsprozeduren erfolgt innerhalb derselben Zeitschleife, in der die neuen

Achswerte mit Hilfe der Steuerungsnachbildung berechnet und anschließend am Grafikschirm dargestellt werden.

4.6.2 Kollisionserkennung mit Hilfe diskreter Objektmodelle

Die in der Literatur beschriebenen Verfahren zur statischen Kollisionserkennung unterscheiden sich vor allem durch das zugrunde liegende Datenmodell. Neben den in Abschnitt 4.1.1 vorgestellten analytischen Darstellungen als Draht-, Flächen- oder Volumenmodell wurden diskrete Modelle zur Repräsentation von Objektgeometrien entwickelt [49].

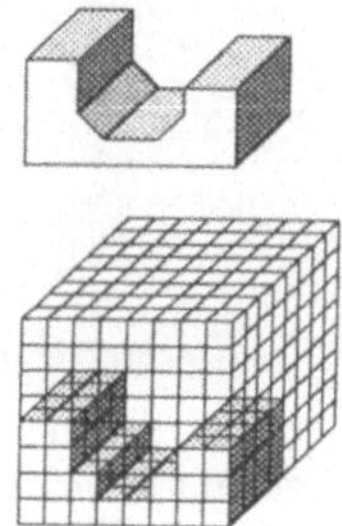

Abb. 4-46: Beispiel eines akkumulativ-diskreten Geometriemodells

Diskrete Modelle beruhen auf dem Gedanken, jedem einzelnen Raumpunkt eine Information über das Vorhandensein von Materie zuzuordnen. Dabei wird zwischen akkumulativ-diskreten und rekursiv-diskreten Modellen unterschieden. Beispiele für akkumulativ diskrete Objektmodelle stellen Punktmengen- oder Kuboidmodelle dar (Abb. 4-46). Während bei den akkumulativ-diskreten Objektmodellen die Information über das Vorhandensein von Materie für jeden Raumpunkt explizit abgespeichert wird, ist diese Information bei den rekursiv-diskreten Modellen in Form von sogenannten Rekursionsbäumen abgelegt. Ein Beispiel für rekursiv-diskrete Objektmodelle stellt die sogenannte "Octree"-Repräsentation (Abb. 4-47) dar [50]. Ein Würfel wird in 8 gleichgroße Unterwürfel geteilt und die Information, welcher der 8 Unterwürfel Materie des Grundkörpers enthält, gespeichert. In gleicher Weise werden anschließend die einzelnen Unterwürfel weiter unterteilt. Dieses Verfahren wird solange wiederholt, bis die Abmessungen der Unterwürfel eine zuvor festgelegte Grenze unterschreiten und das Objekt somit ausreichend genau beschrieben ist.

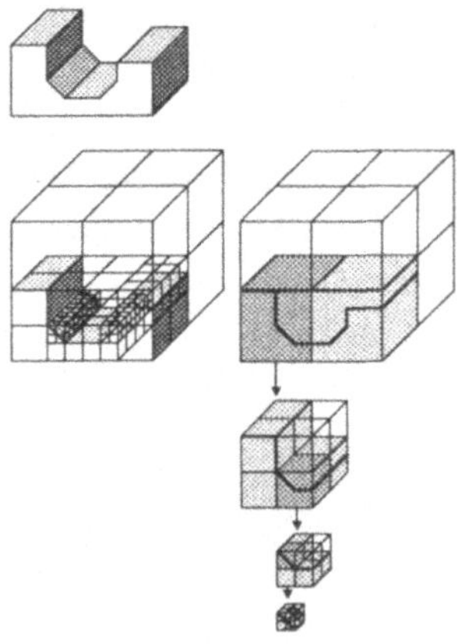

Abb. 4-47:   Beispiel eines rekursiv-diskreten Geometriemodells

Der Vorteil von Kollisionstests auf der Basis von diskreten Objektmodellen liegt in der hohen Rechengeschwindigkeit. Die Grenzen der Anwendbarkeit diskreter Modelle sind durch die systembedingten Annäherung der realen Objektgeometrie durch einfache Regelkörper gegeben. Sie finden ihre Anwendung daher hauptsächlich in der Offline-Programmierung von Industrierobotern zur Erkennung von Kollisionen bei weiträumigen Verfahrbewegungen.

Ein weiteres Problem stellt die Generierung diskreter Objektmodelle dar. Da konventionelle CAD-Systeme ausschließlich analytische Objektmodelle erzeugen, müssen die diskreten Modelle entweder in dem System neu erzeugt werden, in dem der Kollisionstest durchgeführt werden soll, oder über spezielle Softwaremodule in diskrete Modelle umgewandelt werden.

4.6.3   Spezielle Datenstrukturen zur Kollisionserkennung

Um die rechnerische Kollisionserkennung möglichst schnell durchführen zu können, wurden neben den analytischen und diskreten Objektmodellen weitere, problemspezifische Datenstrukturen entwickelt. Bei dem von Udupa [43] und Lozano-Perez [44] vorgestellten Ansatz wird der Roboterarm auf einen Punkt reduziert. In dem gleichen Maß, in dem der Roboterarm verkleinert wird, werden die Geometrien der Hindernisse vergrößert. Der Ansatz beruht jedoch auf geometrischen Vereinfachungen, die im vorliegenden Fall der Kollisionserkennung zwischen zwei beliebig im Raum bewegten Objekten mit komplexer Objektgeometrie nicht vorausgesetzt werden können.

Weitere Ansätze für eine schnelle Kollisionserkennung sind die Anwendung der Feldtheorie [51], die Umschreibung der Einzelgeometrien durch Quader [52,53], sowie die Sortierung der Flächen der Kollisionsobjekte [54]. Allen Ansätzen, die auf der Verwendung spezieller Datenstrukturen beruhen, ist jedoch das Problem der Bereitstellung der für die Kollisionserkennung benötigten Daten gemeinsam.

4.6.4   Eingangsdaten des implementierten Algorithmus

Grundlage der Entwicklung des unten beschriebenen Algorithmus zur rechnerischen Kollisionserkennung ist daher die direkte Weiterverwendung der Flächenmodelle, wie sie über normierte Schnittstellen aus gängigen CAD-Systemen übernommen werden können. Eine Kollision ist dann gegeben, wenn eine beliebige Fläche f_1 eines Objekts eine beliebige Fläche f_2 eines anderen Objekts schneidet. Auf diese Weise erfolgt die Kollisionserkennung nicht mit Hilfe vereinfachter Annäherungen der Objektgeometrien, sondern auf der Basis der realen Bauteilgeometrien. Die zur Beschleunigung der Kollisionserkennung benötigten Hilfsgrößen werden ohne weitere Benutzerinteraktion automatisch berechnet. Der Algorithmus ist so konzipiert, daß die Rechengeschwindigkeit ausreicht, um die Durchführung statischer Kollisionstests in einem ausreichend feinen Zeitraster zu ermöglichen.

Grundlage der Kollisionsrechnung zwischen zwei Körpern sind somit die Objektgeometrien geo_1 und geo_2, sowie die Positionsmatrizen P_1 und P_2 der beiden Körper. Bei der Transformation eines Objekts ändern sich nicht die im Geometrie-Datenblock geo abgespeicherten Informationen, sondern lediglich die Positionsmatrix $\mathbf{P}$. Die im Geometrie-Datenblock geo abgespeicherten Punkt-, Linien- und Flächenlisten beschreiben die Gestalt des Objekts in der Geometrie-Generierungslage und bleiben konstant. Um die aktuellen Punktkoordinaten zu erhalten, müssen daher zunächst die Punkte aus der Generierungslage mit Hilfe der Positionsmatrix $\mathbf{P}$ in die aktuelle Lage transformiert werden. Da sich im allgemeinen Fall keiner der beiden beteiligten Körper in seiner Geometrie-Generierungslage befindet, ist theoretisch eine Transformation beider Körper in die jeweils aktuelle Lage erforderlich. Wenn die Anzahl der Punkte beider Körper durch n_1 und n_2 gegeben ist, beträgt der dazu nötige Rechenaufwand n_1+n_2 Punkttransformationen. Es bietet sich daher an, den Kollisionstest nicht in der aktuellen Lage beider Körper durchzuführen, sondern in der Geometrie-Generierungslage eines der beiden Objekte. Zunächst wird dazu die Matrix $\mathbf{M}_{21}$ berechnet, die den Körper k_2 in das Generierungssystem geo_1 transformiert. Die Matrix $\mathbf{M}_{21}$ ist durch $\mathbf{P}_2 * \mathbf{P}_1^{-1}$ gegeben. Anschließend müssen nur noch die Punkte des Körpers k_2 transformiert werden. Die zur Durchführung des Kollisionstests notwendigen Punkttransformationen reduzieren sich durch dieses Vorgehen im Durchschnitt auf die Hälfte.

4.6.5   Facettentest

Um festzustellen ob die Fläche f_1 des Körpers k_1 die Fläche f_2 des Körpers k_2 schneidet, wird zunächst die Ebene e_1, in der die Fläche f_1 liegt, bestimmt (Abb. 4-48). Die Ebene e_1 teilt den gesamten Raum in zwei Halbräume. Ein Schnitt zwischen f_1 und f_2 ist dann ausgeschlossen, wenn alle Punkte der Fläche f_2 im selben Halbraum enthalten sind, d.h. der Abstand aller Punkte der Fläche f_2 zur Ebene e_1 das gleiche Vorzeichen hat.

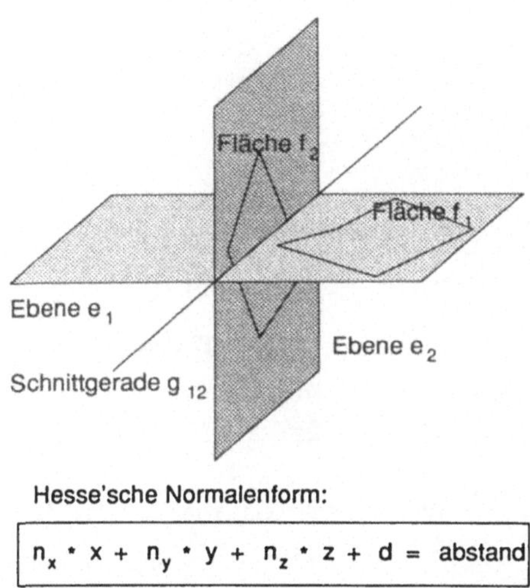

$$n_x * x + n_y * y + n_z * z + d = abstand$$

Abb. 4-48:   Berechnung von Ebenenschnitten mit Hesse'scher Normalenform

Die Berechnung des Abstands eines beliebigen Punkts der Fläche f_2 zur Ebene e_1 erfolgt mit Hilfe der Hesse'schen Normalenform. Durch Einsetzen der x-, y- und z-Koordinaten eines Punkts der Fläche f_2 in die Hesse'sche Normalenform kann der Abstand des Punkts zur Ebene bestimmt werden. Das Vorzeichen des Resultats gibt an, in welchem Halbraum der Ebene e_1 der Punkt liegt.

Tritt bei der Berechnung der Abstände der Punkte von f_2 zur Ebene e_1 ein Vorzeichenwechsel auf, wird die Ebene e_2, in der die Fläche f_2 liegt, berechnet und das oben beschriebene Verfahren mit vertauschten Indizes wiederholt. Eine Kollision zwischen f_1 und f_2 ist dann ausgeschlossen, wenn alle Punkte der Fläche f_1 im selben Halbraum enthalten sind, d.h. der Abstand aller Punkte der Fläche f_1 zur Ebene e_2 das gleiche Vorzeichen hat.

Kann ein Schnitt der beiden Flächen nicht ausgeschlossen werden, erfolgt die Bestimmung der Schnittgeraden g_{12} der beiden Ebenen e_1 und e_2. Alle Schnittpunkte der Fläche f_1 mit der Ebene e_2 sowie alle Schnittpunkte der Fläche f_2 mit der Ebene e_1 liegen auf der Schnittgeraden g_{12} (Abb. 4-49).

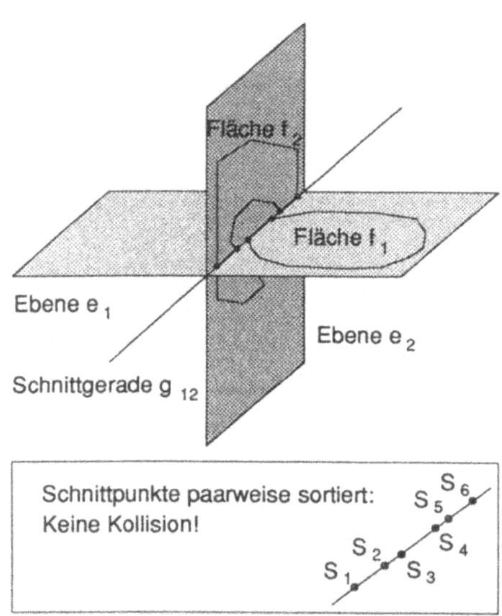

Abb. 4-49:   Sortierung der Durchstoßpunkte entlang der Schnittgeraden

Bei ungelochten konvexen Flächen können maximal zwei Schnittpunkte mit der jeweils anderen Ebene entstehen. Die Berechnung der Schnittpunkte kann also nach dem zweiten gefundenen Punkt abgebrochen werden. Um bei gelochten oder konkaven Flächen alle Schnittpunkte mit der jeweils anderen Ebene zu finden, müssen sowohl alle Kanten der Flächenumrandung, als auch alle Kanten der Löcher innerhalb einer Facette untersucht werden.

Die gefundenen Schnittpunkte werden nun entlang der Schnittgeraden g_{12} sortiert. Ein Schnitt zwischen Fläche f_1 und Fläche f_2 kann dann ausgeschlossen werden, wenn die sortierten Schnittpunkte jeweils paarweise zur gleichen Fläche gehören. Ist dies nicht der Fall, schneidet die Fläche f_1 die Fläche f_2.

4.6.6   "Bounding-Boxen"

Die Durchführung des oben beschriebenen Facettentests ist sehr rechenzeitaufwendig. Es mußten daher Verfahren gefunden werden, die Anzahl durchgeführter Facettentests auf ein Minimum zu reduzieren. Dies kann durch eine Reihe vorgeschalteter, schneller Tests auf der Basis vereinfachter Objektbeschreibungen erfolgen.

Einen Ansatz zu einer vereinfachten Objektbeschreibung stellen die sogenannten "Bounding-Boxen" (Abb. 4-50) dar. Im Geometrie-Generierungssystem werden für jeden Körper die Minima und Maxima in den jeweiligen Achsrichtungen errechnet. Die Extremwerte des Körpers spannen einen achsparallelen Quader auf, der den gesamten Körper einschließt. Dieser Quader wird als "Bounding-Box" bezeichnet und ist durch die Mittelpunktskoordinaten m_x, m_y und m_z sowie die halben Kantenlängen hk_x, hk_y und hk_z gekennzeichnet.

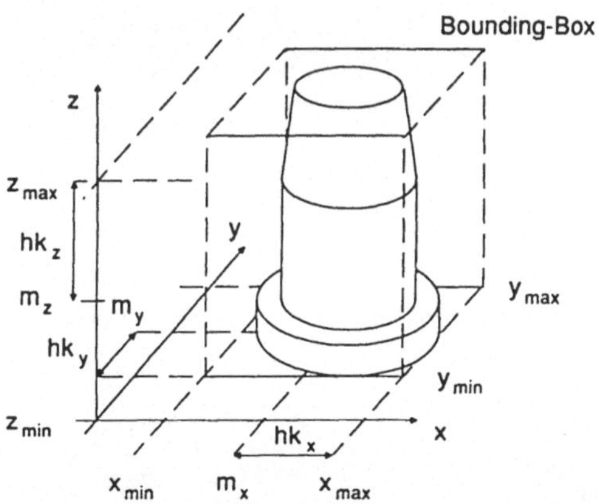

Abb. 4-50:   *"Bounding-Box" eines Geometriekörpers*

Bei einer allgemeinen Transformation des Körpers mit der Matrix **M** muß lediglich der Mittelpunkt der Bounding-Box transformiert werden. Der Rotationsanteil der Matrix **M** bewirkt eine Verlängerung oder Verkürzung der Kantenlänge der Bounding-Box ("Dilatation"). Durch dieses Vorgehen entsteht ein neuer Quader (die transformierte Bounding-Box), der wiederum parallel zu den Achsen des neuen Koordinatensystems ausgerichtet ist.

Da eine Bounding-Box per Definition immer parallel zu den Achsen des jeweiligen Koordinatensystems ist, kann der Kollisionstest zwischen zwei Bounding-Boxen $bbox_1$ und $bbox_2$ auf einen einfachen Vergleich der Extrema der beiden Boxen reduziert werden (Abb. 4-51). Nur wenn in allen drei Raumrichtungen gilt $bbox_{2,min} <$ $bbox_{1,max}$ und $bbox_{2,max} > bbox_{1,min}$ kann eine Kollision auftreten.

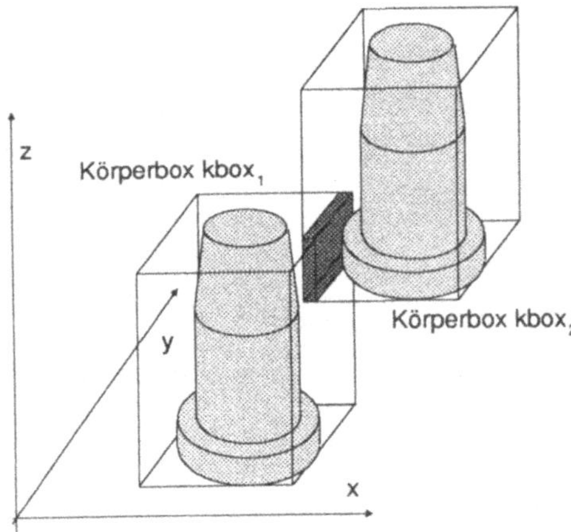

Abb. 4-51:   Kollisionstest auf Basis der beiden Körperboxen

4.6.7   Körpertest

Bevor alle Flächenpaarungen zweier Körper k_1 und k_2 auf Kollision überprüft werden, wird zunächst untersucht, ob sich die beiden Körper überhaupt schneiden können. Dazu werden die Bounding-Boxen für den Körper k_1 und k_2, im folgenden als Körperboxen $kbox_i$ bezeichnet, berechnet.

Zunächst wird die Körperbox $kbox_1$ in das Geometrie-Generierungssystem des Körpers k_2 transformiert und überprüft, ob sich die beiden Boxen $kbox_1^*$ und $kbox_2$

schneiden (Abb. 4-52). Überlappen sich die beiden Boxen nicht, kann eine Kollision
beider Körper ausgeschlossen werden.

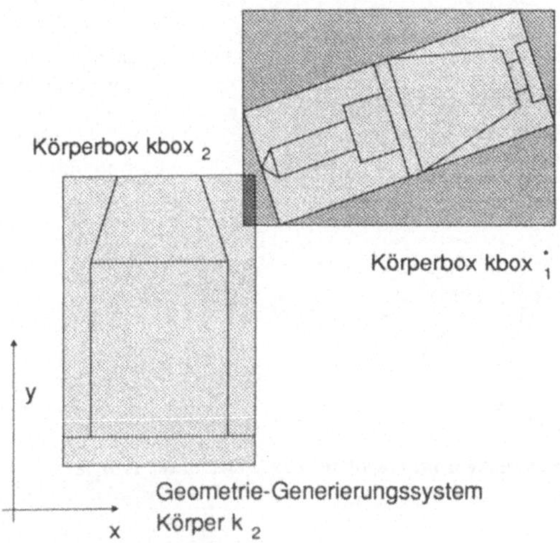

Abb. 4-52:   *Körpertest im Generierungssystem des Körpers 2*

Bei der Transformation der Körperbox $kbox_1$ in das Geometrie-Generierungssystem
des Körpers k_2 hat sich das Volumen von $kbox_1$ stark vergrößert. Daher wurde eine
Kollision zwischen $kbox_1^*$ und $kbox_2$ gemeldet, obwohl sich die umschriebenen Ori-
ginalquader $kbox_1$ und $kbox_2$ nicht schneiden. Aus diesem Grund wird in einem
nächsten Schritt der Test im Geometrie-Generierungssystem des Körpers k_1 wiederholt. Die Körperbox $kbox_2$ wird in das Geometrie-Generierungssystem des Körpers
k_1 transformiert und überprüft, ob sich die beiden Boxen $kbox_1$ und $kbox_2^*$ schneiden
(Abb. 4-53). Überlappen sich die beiden Boxen nicht, kann wiederum eine Kollision
beider Körper ausgeschlossen werden.

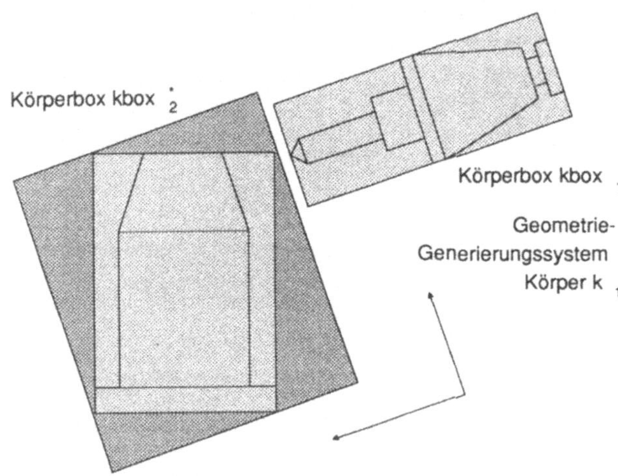

Abb. 4-53:   Körpertest im Generierungssystem des Körpers 1

Nur wenn beide Tests positiv verliefen, müssen genauere Tests auf der Basis der einzelnen Flächen durchgeführt werden.

4.6.8   Flächentest

Kann im Körpertest eine Kollision zwischen den Körpern k_1 und k_2 nicht ausgeschlossen werden, müssen alle Kombinationen der Flächen f_1 des Körpers k_1 mit Flächen f_2 des Körpers k_2 untersucht werden. Da, wie bereits erwähnt, der Facettentest sehr rechenzeitaufwendig ist, wird das Bounding-Box-Verfahren auch auf der Ebene der einzelnen Flächen eines Körpers durchgeführt. Zunächst werden im Geometrie-Generierungssystem eines Körpers die Minima und Maxima einer Facette bestimmt und die umhüllende Flächenbox fbox_i berechnet.

Bevor der Facettentest durchgeführt wird, wird überprüft, ob die Flächenbox $\text{fbox}_{1,i}$ der Fläche f_i des Körpers k_1 die Flächenbox $\text{fbox}_{2,j}$ der Fläche f_j des Körpers k_2 schneidet. Auch dieser Test wird in der oben beschriebenen Weise sowohl im Geometrie-Generierungssystem des Körpers k_1, als auch (falls noch notwendig) im Geometrie-Generierungssystem des Körpers k_2 durchgeführt. Erst wenn eine Kollision der beiden Facetten nicht ausgeschlossen werden kann, wird der rechenzeitaufwendige Facettentest durchgeführt.

4.6.9 Ausschluß ungefährdeter Flächen

Beim oben beschriebenen Verfahren sind nach wie vor m*n Flächentests notwendig, um eine Kollision zwischen den Körpern k_1 und k_2 sicher auszuschließen (m = Anzahl Flächen von k_1; n = Anzahl Flächen von k_2). Durch eine Kombination der beiden Verfahren Körpertest und Flächentest läßt sich die Anzahl der durchzuführenden Flächentests wesentlich verringern.

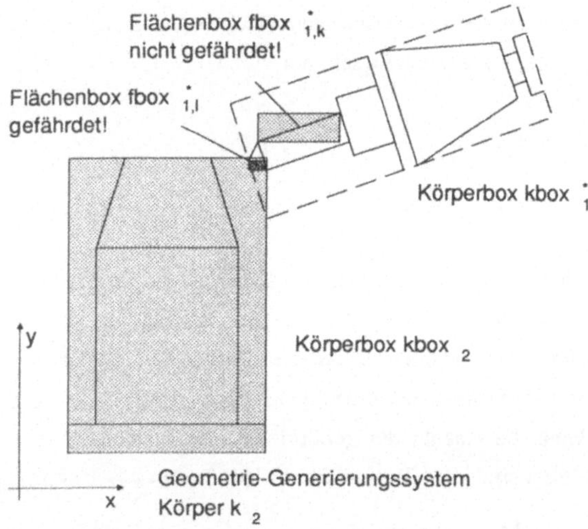

Abb. 4-54:   *Ausschluß ungefährdeter Flächen*

Zunächst wird überprüft, welche Flächenboxen $\mathrm{fbox}_{1,i}$ des Körpers k_1 die Körperbox kbox_2 des Körpers k_2 schneiden (Abb. 4-54). Findet kein Schnitt zwischen $\mathrm{fbox}_{1,i}$ und kbox_2 statt, kann die Fläche f_i des Körpers k_1 von weiteren Flächentests ausgeschlossen werden, da eine Kollision mit dem Körper k_2 ausgeschlossen ist. Werden keine Flächen f_i gefunden, deren Flächenbox $fbox_{1,i}$ die Körperbox $kbox_2$ des Körpers k_2 schneiden, kann der gesamte Kollisionstest abgebrochen werden, da eine Kollision zwischen den Körpern k_1 und k_2 ausgeschlossen ist.

Werden kollisionsgefährdete Flächen f_i des Körpers k_1 gefunden, wird zunächst überprüft, welche Flächenboxen $fbox_{2,j}$ des Körpers k_2 die Körperbox $kbox_1$ des Körpers k_1 schneiden. Werden keine gefährdeten Flächen f_j des Körpers k_2 gefunden, deren Flächenbox $fbox_{2,j}$ die Körperbox $kbox_1$ des Körpers k_1 schneidet, kann der Kollisionstest ebenfalls abgebrochen werden.

Kann nach Durchführung dieser kombinierten Tests eine Kollision der beiden Körper k_1 und k_2 nicht sicher ausgeschlossen werden, müssen Flächentests durchgeführt werden. Die Flächentests werden aber nicht mehr auf der Basis aller möglichen Flächenpaarungen, sondern lediglich auf der Basis von Kombinationen gefährdeter Flächen f_i des Körpers k_1 mit gefährdeten Flächen f_j des Körpers k_2 durchgeführt. Durch dieses Vorgehen kann die Anzahl der durchzuführenden Flächentests drastisch reduziert werden.

4.6.10 Sortierung der Flächen

Bei der Suche nach gefährdeten Flächen des Körpers k_1 müssen m Überlappungstests zwischen einer Flächenbox $fbox_{1,i}$ des Körpers k_1 und der Körperbox $kbox_2$ des Körpers k_2 durchgeführt werden (m = Anzahl Flächen von k_1). Durch eine Sortierung der Maximalwerte $fbox_{1,i\ max}$ der einzelnen Flächenboxen $fbox_{1,i}$ entlang der Koordinatenachsen kann die Anzahl der gefährdeten Flächen von k_1 schneller gefunden werden. Ungefährdet sind alle Flächen, für die gilt $fbox_{1,i\ max} < kbox_{2\ min}$.

Analog werden die Minimalwerte $fbox_{1,i\ min}$ der einzelnen Flächenboxen $fbox_{1,i}$ entlang der Koordinatenachsen sortiert. Ungefährdet sind alle Flächen, für die gilt $fbox_{1,i\ min} > kbox_{2\ max}$ (Abb. 4-55).

Durch die Sortierung wird die Anzahl der durchzuführenden Kombinationstests zwischen einer Flächenbox $fbox_{1,i}$ des Körpers k_1 und der Körperbox $kbox_2$ des Körpers k_2 reduziert, da nach der ersten Flächenbox $fbox_{1,ok}$, die nicht mehr die Körperbox $kbox_2$ schneidet, die Suche nach weiteren gefährdeten Flächen abgebrochen werden kann. Das Verfahren wird entsprechend für die Suche nach gefährdeten Flächen f_j des Körpers k_2 angewendet. Auf diese Weise kann die Liste der gefährdeten Flächen schneller ermittelt werden.

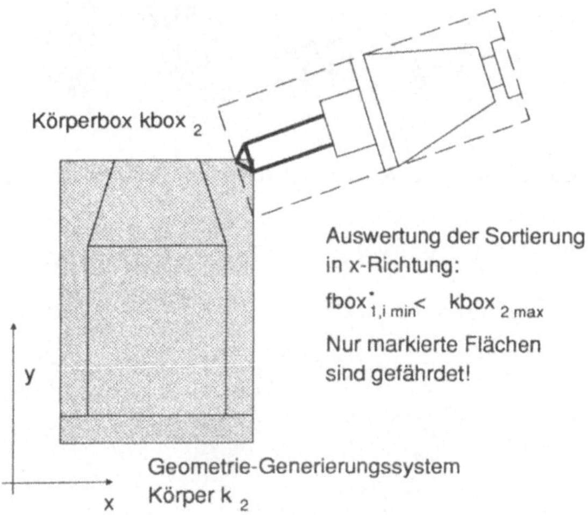

Abb. 4-55:   Sortierung der Flächenboxen

4.6.11 Teilung der Körper in Unterbereiche

Eine weitere Beschleunigung des Kollisionstests wird durch die Generierung von neuen abstrahierten Objektmodellen erreicht. Durch die vom System automatisch durchgeführte wiederholte Teilung des Grundkörpers entstehen Zwischengeometrien, die sich mit zunehmender Teilungszahl immer mehr der realen Objektgeometrie annähern (Abb. 4-56). Die Anzahl an Flächen der einzelnen Zwischengeometrien nimmt dabei mit zunehmender Teilungstiefe ab. Die Teilung wird solange wiederholt, bis entweder ein zuvor definiertes Maximum unterschiedlicher Teilungsebenen erreicht wird, oder die Anzahl an Flächen pro Unterbereich ein Minumum unterschreitet. Auf diese Weise entsteht eine Binärbaum-Struktur. Jeder Bereich des Körpers ist in zwei Unterbereiche unterteilt, die ihrerseits wieder verzweigen (Abb. 4-57). Für jeden

Unterbereich wird eine Bereichsbox bbox berechnet, die auf der Teilungsebene 0 (gesamter Körper) der Körperbox entspricht.

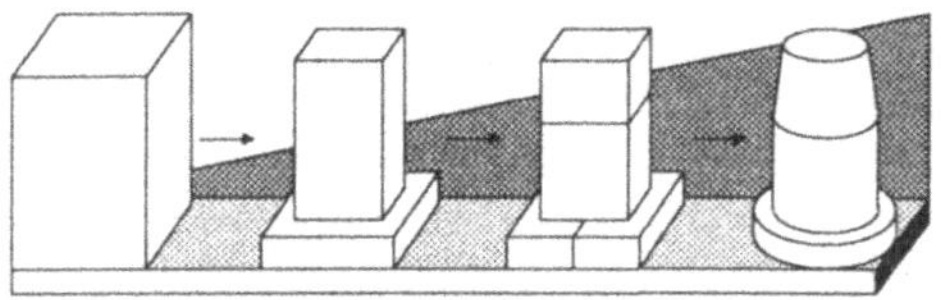

Abb. 4-56:   *Aproximation realer Geometrien durch Teilung der Bounding-Boxen*

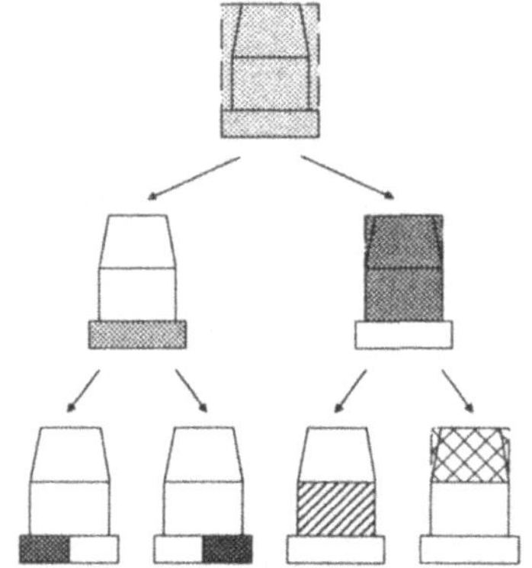

Abb. 4-57:   *Aufbau einer Baumstruktur von Bounding-Boxen*

Beim Kollisionstest zwischen zwei Körpern k_1 und k_2 wird zunächst der Körpertest für beide Hauptkörper durchgeführt. Schneiden sich die beiden Körperboxen, wird zunächst im Körper k_1 in die nächste Teilungsebene verzweigt. Anschließend wird überprüft, ob die beiden Bereichsboxen $bbox_{1,links}$ und $bbox_{1,rechts}$ der aktuellen Teilungsebene des Körpers k_1 die Körperbox $kbox_2$ des Körpers k_2 schneiden. Schneidet keine der beiden Bereichsboxen die Körperbox des anderen Objekts, kann eine Kollision ausgeschlossen werden. Schneidet nur eine der beiden Bereichsboxen, wird im Körper k_1 in die nächsttiefere Teilungsebene verzweigt. Schneiden beide Bereichsboxen des Körpers k_1 die Körperbox $kbox_2$ des Körpers k_2, wird im Körper

k_2 in die nächsttiefere Teilungsebene verzweigt. Dieses Verfahren wird solange wiederholt, bis keine weitere Verzweigung mehr möglich ist. Für die auf diese Weise gefundenen kollisionsgefährdeten Unterbereiche müssen nun die weiteren Tests in der oben beschriebenen Weise durchgeführt werden.

Durch eine sinnvolle Teilung der Körper in Unterbereiche kann die Anzahl an Flächen pro Unterbereich bei jeder Teilung drastisch reduziert werden. Darüber hinaus nähert sich die Box-Approximation mit zunehmender Teilungstiefe immer mehr der realen Körperkontur. Nicht gefährdete Bereiche, inklusive aller darin enthaltenen Flächen, können mit Hilfe eines einzigen Überlappungstests ausgeschlossen werden.

4.6.12 Zusammenfassung des Kollisionstests

In Abb 4-58 ist das Ablaufdiagramm des im Rahmen dieser Arbeit entwickelten Kollisionstests dargestellt. In einem ersten Block werden die Unterbereiche der beiden auf Kollision zu untersuchenden Körper k_1 und k_2 gesucht, deren Bereichsboxen $bbox_i$ und $bbox_j$ einander schneiden. Dieser Block dient dazu, die gefährdeten Bereiche beider Körper einzuschränken, um damit die Anzahl kollisionsbeteiligter Flächen zu reduzieren. Kann eine Kollision mit Hilfe der Bereichstests sicher ausgeschlossen werden, wird die weitere Ausführung der Berechnungen abgebrochen. Die beiden zuletzt gefundenen, nicht mehr weiter teilbaren, kollidierenden Bereiche $bbox_1$ und $bbox_2$ stellen die Grundlage der weiteren Berechnungen dar.

Im zweiten Funktionsblock werden die Flächenboxen $fbox_{1,i}$ aller Flächen f_i des ersten Bereichs b_1 auf Überschneidung mit der Bereichsbox $bbox_2$ des zweiten Körpers k_2 untersucht. Dazu werden zunächst die Flächenboxen $fbox_{1,i}$ gemäß ihrer Extremwerte in den einzelnen Achsrichtungen sortiert. Unter Auswertung dieser Sortierung können die gefährdeten Flächen des Bereichs b_1 bestimmt werden. Die ungefährdeten Flächen werden bei den weiteren Berechnungen vernachlässigt. Wurden keinerlei gefährdete Flächen gefunden, kann der Kollisionstest abgebrochen werden.

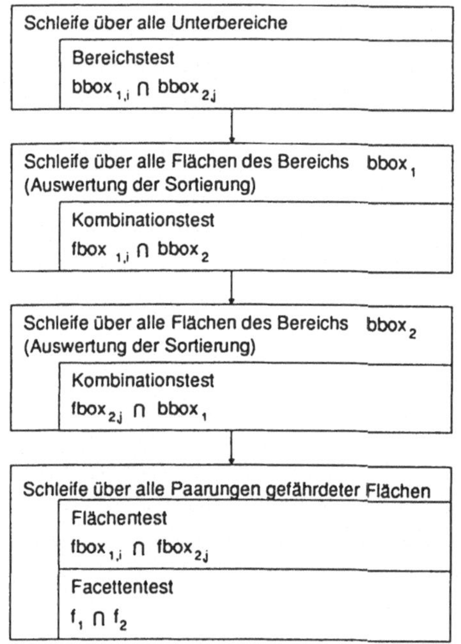

Abb. 4-58:   Ablaufdiagramm des implementierten Kollisionstests

Analog zum zweiten Funktionsblock werden im dritten Block die Flächenboxen $fbox_{2,j}$ aller Flächen f_j des zweiten Bereichs b_2 auf Überschneidung mit der Bereichsbox $bbox_1$ des ersten Körpers k_1 untersucht.

Alle Kombinationen der in den vorangegangenen Abschnitten zwei und drei gefundenen gefährdeten Flächen müssen in einer anschließenden Schleife paarweise auf Kollision überprüft werden. Die Ausführung der Schleife wird abgebrochen, sobald die erste Kollision zweier Facetten sicher nachgewiesen werden konnte.

Innerhalb der Schleife werden zunächst die Flächenboxen $fbox_{1,i}$ des ersten Bereichs b_1 mit den Flächenboxen $fbox_{2,j}$ des zweiten Bereichs b_2 auf Überschneidung geprüft. Stellt der Flächentest eine Überschneidung fest, erfolgt in einem letzten Schritt die genaue Untersuchung auf der Basis des Facettentests.

5.   Integration der NC-Simulation in die Arbeitsvorbereitung

5.1   Benötigte Eingangsdaten

Das im Rahmen der vorliegenden Arbeit entwickelte NC-Simulationssystem COSI-
MA kann nicht als zusätzliche "Insellösung" in der Arbeitsvorbereitung eines Industrieunternehmens installiert werden. Vielmehr ist aufgrund der unterschiedlichen benötigten Eingangsdaten eine Integration des Systems in die bestehende Rechnerumgebung unabdingbar. Darüber hinaus bietet eine Integration des Systems in die Arbeitsvorbereitung Vorteile (z.B. eine Unterstützung der Vorrichtungskonstruktion), die
über den ursprünglichen Verwendungszweck als reines NC-Simulationssystem hin-
ausgehen. Insgesamt benötigt COSIMA folgende Informationen als Eingangsdaten
für die grafische Simulation (Abb. 5-1):

- Das NC-Programm nach DIN 66025.
- Die Beschreibung der zu simulierenden NC-Maschinen in Geometrie, Kinematik
  und Steuerung.
- Die Geometrien aller verwendeten Spannmittel.
- Die Nachbildung des Werkstücks als 3D-Modell.
- Werkzeuggeometrien und -maße.

Da die Simulation auf dem Maschinenprogramm nach DIN 66025 basiert, ist die
Übernahme des NC-Programms in die Simulation unproblematisch. Das NC-Simulationssystem kann das NC-Programm direkt aus einer lesbaren Textdatei einlesen.

Die Erstellung eines Simulationsmodells für die Bearbeitungsmaschine stellt einen
einmaligen Aufwand dar. Nach der Generierung der Geometrien aller Maschinen-
komponenten in einem beliebigen 3D-CAD-System, wird die Kinematik der Maschine definiert und das Modell abgespeichert. Anschließend erfolgt die Erstellung der
softwaremäßigen Steuerungsnachbildung oder die Anpassung von bereits existieren-
den Prozeduren an das kinematische Modell der Maschine. Nach der Abspeicherung
des vollständigen Modells in einer Maschinendatei steht es für alle folgenden Simula-
tionen zur Verfügung.

Die Bereitstellung der Spannmittel als 3D-CAD-Modelle stellt ebenfalls einen einma-

ligen Aufwand dar. Der gesamte Vorrat von im Unternehmen vorliegenden Spannmitteln muß jedoch zuvor mit Hilfe eines 3D-CAD-Systems generiert und anschließend
in einer Spannmitteldatei abgespeichert werden.

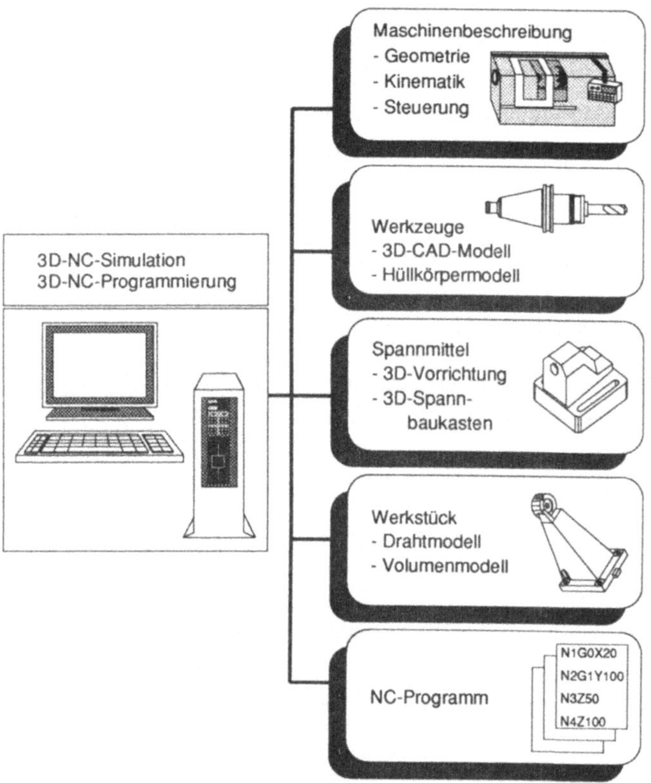

Abb. 5-1:   *Eingangsdaten für die Durchführung der NC-Simulation*

Die Generierung von Roh- und Fertigteilmodell des herzustellenden Bauteils erfolgt
ebenfalls mit Hilfe eines 3D-CAD-Systems. Geometrieschnittstellen dienen zur Übernahme der CAD-Modelle in das NC-Simulationssystem. Es kann sich dabei um spezielle Schnittstellen für das jeweils verwendete CAD-System handeln oder um neutra-

le Schnittstellen, wie die IGES- oder VDA-Flächenschnittstelle [55,56]. In der Simulation besteht kein Unterschied zwischen Bauteil-, Spannmittel- und Maschinengeometrien. Daher dient die Geometrieschnittstelle zur Übernahme aller Geometriemodelle in die Simulation.

Die Bereitstellung der Werkzeuggeometrien unterscheidet sich von der Generierung der sonstigen Objektgeometrien. Die Modellierung von Komplettwerkzeugen mit Hilfe eines 3D-CAD-Systems ist nicht sinnvoll. Die CAD-Modellierung von in der Regel weit über 1000 verschiedenen Geometrien ist sehr zeitaufwendig. Darüber hinaus stellt die Modellierung der Werkzeuggeometrien keinen einmaligen Aufwand dar. In den meisten Fällen hat der NC-Programmierer die Möglichkeit, neue Werkzeuge zu definieren oder zumindest die Einstellmaße von Komplettwerkzeugen zu ändern. Die neuen Komplettwerkzeuge müßten daran anschließend im CAD-System neu modelliert werden. Sinnvoller ist daher die Schaffung einer Schnittstelle zu der im Unternehmen vorhandenen Werkzeugdatenbank. In dieser Datenbank müssen alle Kenngrößen gespeichert sein, die zur vollständigen Beschreibung der Geometrien aller Komplettwerkzeuge benötigt werden.

5.2 Stellung der NC-Simulation

Abb. 5-2 zeigt die vorgeschlagene Einbindung der NC-Simulation in den Arbeitsablauf innerhalb der Arbeitsvorbereitung. Zunächst wird das CAD-Modell des Fertigteils in das Simulationssystem geladen. Der NC-Programmierer legt anschließend im Simulationssystem die Aufspannung des Bauteils auf der Palette fest. Erfolgt die Spannung mit Hilfe eines Vorrichtungsbaukastens, können die erstellten Stücklisten und Spannpläne direkt an die Werkstatt weitergegeben werden. Ist für die Spannung des Werkstücks die Konstruktion einer speziellen Vorrichtung erforderlich, ordnet ebenfalls der NC-Programmierer Elemente des Vorrichtungsbaukastens auf dem Werkstück an. Er definiert auf diese Weise, an welchen Stellen des Bauteils Abstütz-, Lagebestimmungs- oder Klemmfunktionen erfüllt werden müssen, und welcher Raum für die Erfüllung der unterschiedlichen Funktionen auf der Oberfläche des Bauteils zur Verfügung steht. Dieser Entwurf dient dem Betriebsmittelkonstrukteur als Vorlage für die Konstruktion der speziellen Vorrichtung. Durch dieses Vorgehen vereinfacht sich die Kommunikation zwischen NC-Programmierer und Vorrichtungskonstrukteur.

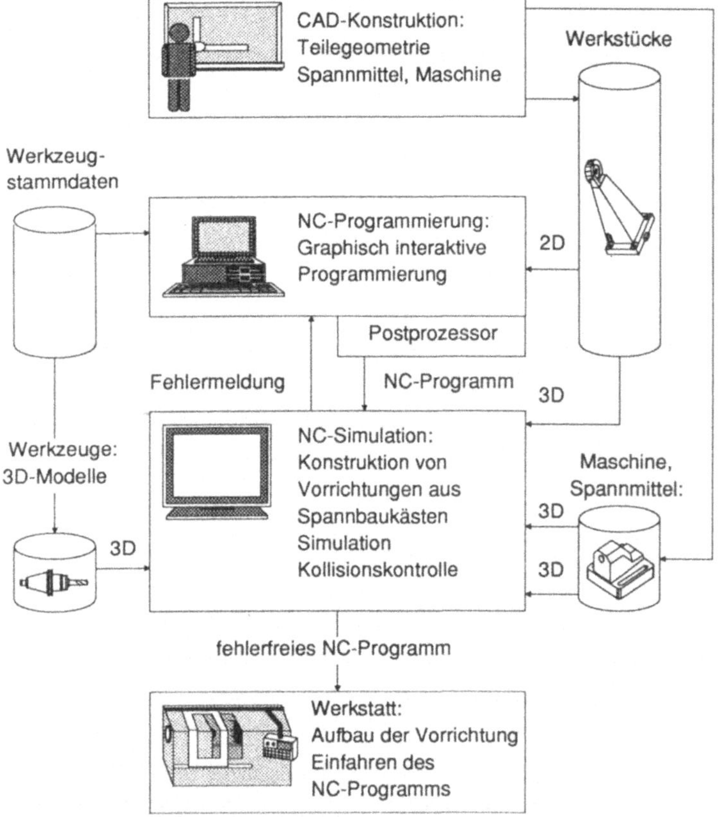

Abb. 5-2:   ***Stellung der NC-Simulation in der Arbeitsvorbereitung***

Nach Erstellung des Vorrichtungsentwurfs kann der NC-Programmierer direkt mit der eigentlichen Programmerstellung beginnen. Die eigentliche Programmerstellung erfolgt außerhalb des Simulationssystems entweder manuell oder mit Hilfe eines im Unternehmen vorhandenen NC-Programmiersystems. Durch die genaue Kenntnis der

Lage der unterschiedlichen Spanneinheiten kann der NC-Programmierer eventuelle Kollisionen zwischen Werkstück und Spannmittel bereits bei der Programmerstellung berücksichtigen.

Nach Erstellung des NC-Programms erfolgt der Prozessorlauf zur Umwandlung des maschinenneutralen NC-Teileprogramms in das maschinenspezifische Maschinenprogramm nach DIN 66025. Das so erstellte Maschinenprogramm wird nun geladen und die Simulation gestartet (Abb. 5-3). Erkannte Programmfehler können im einfachsten Fall (fehlerhafte Koordinaten) bereits im NC-Simulationssystem geändert werden. Bei größeren Programmfehlern (falsche Bearbeitungsreihenfolge) muß die Fehlerbehebung im NC-Programmiersystem erfolgen.

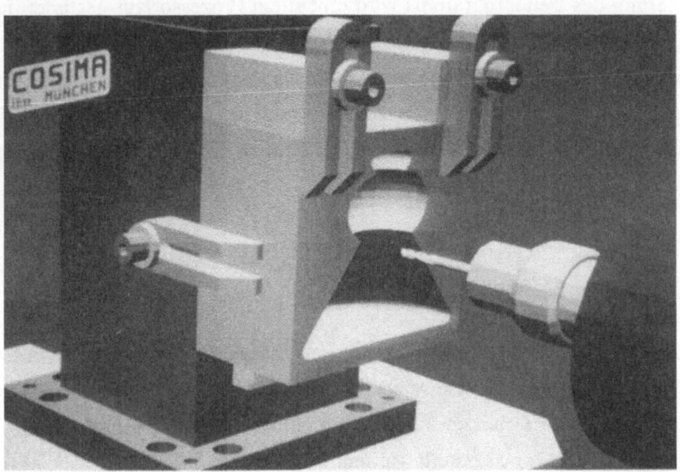

Abb. 5-3:   *Grafische Darstellung der NC-Bearbeitung im neu entwickelten NC-Simulationssystem*

In jedem Fall muß der NC-Programmierer die Programmänderungen auf der Basis des Maschinenprogramms in das NC-Teileprogramm zurück übertragen, damit spätere Prozessorläufe nicht erneut ein fehlerhaftes Maschinenprogramm erzeugen. Eine automatische Übertragung der Änderungen in das Teileprogramm entspricht einer Invertierung des Prozessorlaufs. Bei der Formulierung des NC-Teileprogramms sind in der Regel Vieldeutigkeiten möglich, d.h. unterschiedliche Formulierungen im NC-Teileprogramm erzeugen den gleichen Text im Maschinenprogramm. Die Umsetzung des Teileprogramms in das Maschinenprogramm ist also mathematisch nicht ein-eindeutig (bijektiv), und damit auch nicht umkehrbar. Die Übertragung der Änderungen in das Teileprogramm muß daher vom NC-Programmierer manuell durchgeführt werden. Um dem NC-Programmierer den zeilenweisen Vergleich des ursprünglichen mit dem optimierten Maschinenprogramm zu ersparen, sind im NC-Simulationssystem Funktionen vorgesehen, die die während der Simulation geänderten Programmzeilen gesondert auslisten. Auf diese Weise reduziert sich der Übertragungsaufwand merklich.

Nach Änderung des Teileprogramms wird erneut ein Prozessorlauf gestartet, um das endgültige Maschinenprogramm zu erzeugen. Ob ein erneuter Simulationslauf notwendig oder sinnvoll ist, hängt von der Anzahl und Komplexität der durchgeführten Änderungen ab. Das auf diese Weise getestete und geometrisch fehlerfreie Maschinenprogramm kann nun per DNC oder Lochstreifen an die reale Maschine übertragen werden.

5.3 Geometrieschnittstellen

Wie bereits erwähnt, soll die Modellierung von Maschine, Spannmitteln und Werkstück nicht im Simulationssystem selbst, sondern mit Hilfe eines externen 3D-CAD-Systems erfolgen. Daher müssen im NC-Simulationssystem Schnittstellen zur Übernahme der Geometrien bereitgestellt werden.

5.3.1 Technische Realisierung

Zur Übernahme von Geometriedaten in das NC-Simulationssystem bieten sich grundsätzlich drei verschiedene Verfahren an (Abb. 5-4):

- Direktes Holen der CAD-Daten aus der internen CAD-Datenbank in das Simulationssystem mit Hilfe einer Programmierschnittstelle des CAD-Systems.
- Einbinden von Prozeduren in die Benutzeroberfläche des CAD-Systems, die die

CAD-Geometrien in ein definiertes Simulationsdatenformat umwandeln und in einer externen Simulationsdatenbank abspeichern.

– Übertragung der Geometriedaten mit Hilfe von Textdateien, Umwandlung der Textdateien in das Simulationsdatenformat mit Hilfe spezieller Schnittstellenprogramme und Abspeichern der Geometrien in der Simulationsdatenbank.

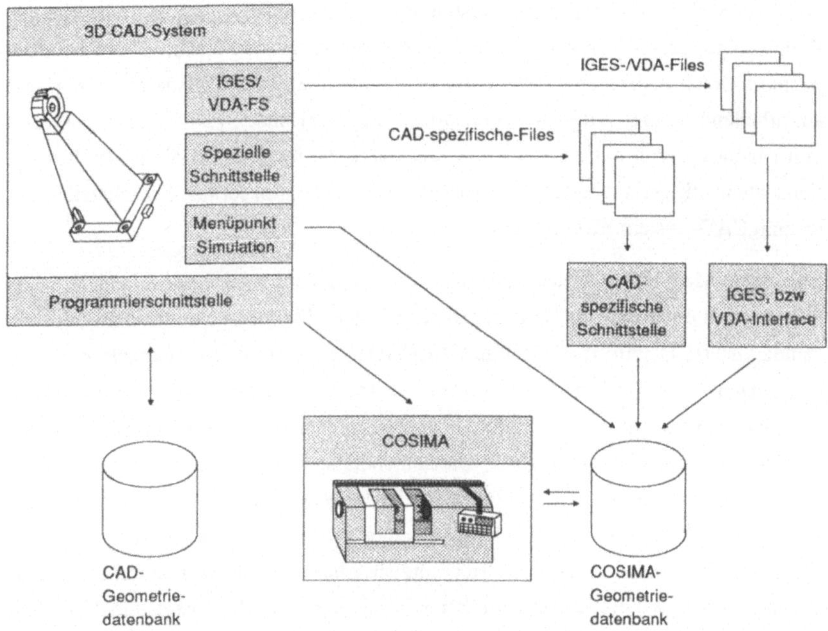

Abb. 5-4:   Möglichkeiten der Übernahme von Geometriedaten in die Simulation

Besitzt das eingesetzte CAD-System eine Programmierschnittstelle ("CALL-Schnittstelle"), können aus dem Simulationssystem Prozeduren aufgerufen werden, die die CAD-Geometrien aus der internen CAD-Datenbank holen. Mit Hilfe weiterer Funktionsaufrufe der Programmierschnittstelle, die auf Unterprogramme des CAD-Systems zugreifen, erfolgt die Umwandlung des CAD-Datenformats in die beschriebene polygonalisierte Flächendarstellung. Die Geometrien stehen auf diese Weise direkt zur Verfügung. Nach Geometrieänderungen im CAD-System wird jeweils auf die aktuelle Geometrie zugegriffen. Das Anlegen einer separaten Simulationsdatenbank entfällt. Eine doppelte Datenhaltung mit den daraus resultierenden Konsistenzproblemen wird vermieden.

Ist der direkte Aufruf von CAD-Prozeduren aus dem NC-Simulationssystem heraus nicht möglich, müssen die Funktionen zur Dekodierung und Umwandlung der CAD-Objekte in die polygonalisierte Darstellung in das CAD-System integriert werden. Dies erfolgt durch Einfügen eines neuen Menüpunkts in die Menüstruktur des CAD-Systems. Nach Aufruf dieses Menüpunkts werden die Simulationsdaten erzeugt und anschließend in der Simulationsdatenbank abgespeichert. Das Simulationssystem greift nicht mehr direkt auf die CAD-Datenbank zu, sondern auf die in der Simulationsdatenbank gespeicherten Geometrien. Eine solche prozedurale Schnittstelle wurde zum CAD-System EUCLID realisiert.

Eine dritte Möglichkeit bietet die Datenübertragung über neutrale Textdateien. Dabei kann es sich entweder um CAD-spezifische lesbare Modelldateien handeln oder um standardisierte Dateiformate. Einige CAD-Systeme bieten die Möglichkeit, die Geometriedaten in Textdateien zu schreiben. In solchen Dateien sind die CAD-Daten nicht mehr in verschlüsselter, binärer Form abgespeichert, sondern im ASCII-Format. Zur Umwandlung der in den ASCII-Dateien enthaltenen Geometrieinformation in das Simulationsdatenformat müssen für jedes CAD-System spezielle Schnittstellenprogramme erstellt werden. Diese Schnittstellenprogramme lesen die Textdateien, erzeugen das interne Simulationsdatenformat und speichern die Information in der Simulationsdatenbank. Während der Simulation wird nicht auf die Textdateien, sondern immer auf die Simulationsdatenbank zugegriffen. Voraussetzung eines solchen Vorgehens ist, daß der Hersteller des CAD-Systems Beschreibungen der Informationsorganisation in den Textdateien zur Verfügung stellt. Für das CAD-System MEDUSA wurde unter Verwendung der MODASC-Funktion beispielhaft ein derartiges Schnittstellenprogramm erstellt.

Eine Variation des Datentransfers über Textdateien stellt die Datenübertragung durch standardisierte Formate, wie IGES oder VDA-FS dar. Der Vorteil dieses Verfahrens liegt darin, daß nicht für jedes CAD-System ein eigenes Schnittstellenprogramm geschaffen werden muß. Der Nachteil, insbesondere der IGES-Schnittstelle, liegt jedoch darin, daß standardisierte Dateien in der Regel wesentlich umfangreicher sind als CAD-System-spezifische Formate. Sie benötigen daher wesentlich mehr Speicherplatz. Damit sind mehr Schreib- und Leseoperationen erforderlich, was die Geschwindigkeit der Datenumsetzung reduziert. Darüber hinaus bieten nicht alle CAD-Hersteller IGES- oder VDA-Schnittstellen an. Zuletzt stellt die Datenübertragung über Standardformate schon deswegen ein Problem dar, weil zwischen den unterschiedlichen Versionen der Schnittstellendefinition unterschieden werden muß und nicht alle Hersteller von CAD-Systemen den vollen Umfang der Schnittstellendefinition implementiert haben (Abb. 5-5) [57,58]. Im 3D-Bereich weichen die Implementierungen der IGES-Schnittstelle bei den unterschiedlichen CAD-Systemen noch weit gravierender voneinander ab, als im 2D-Bereich.

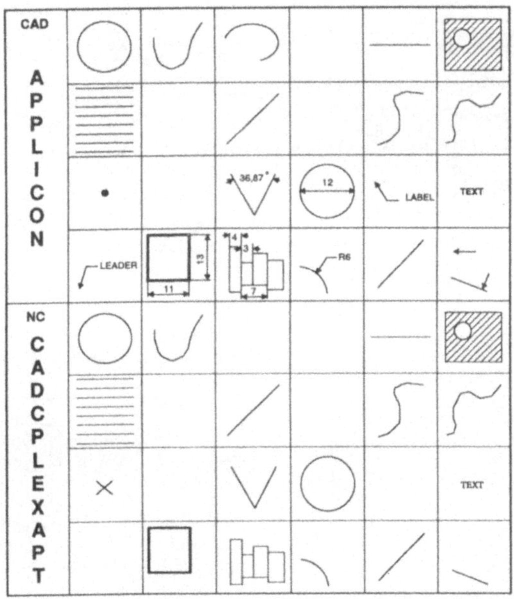

Abb. 5-5:   *Übertragungsfehler bei der Datenübergabe via IGES [13]*

5.3.2   Organisatorische Aspekte

Der durchgängige Einsatz von 3D-CAD-Systemen stellt heute immer noch die Ausnahme dar. In vielen Unternehmen müßte daher zusätzlicher Aufwand investiert werden, um die Werkstücke für den Zweck der NC-Simulation in einem 3D-CAD-System zu beschreiben (Abb. 5-6). Das Modellieren von Werkstücken mit Hilfe eines 3D-CAD-Systems in der NC-Programmierung verursacht zusätzliche Kosten. Im Einzelfall muß geprüft werden, ob der zusätzliche Aufwand zur Geometriemodellierung gerechtfertigt ist, und ob diesem Zusatzaufwand genügend Einsparungspotential auf der Einfahrseite gegenübersteht. Ob ein solches Vorgehen sinnvoll ist, hängt von der Komplexität der Werkstücke und der Schwierigkeit der Bearbeitungen ab.

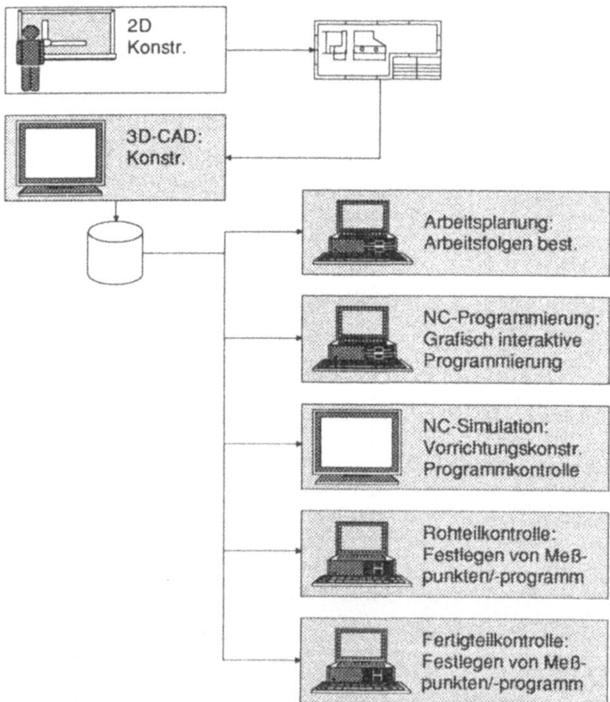

Abb. 5-6:   *Erzeugung von 3D-Geometrien ausschließlich für die NC-Simulation*

Falls die Konstruktion keine 3D-Modelle der Werkstücke zur Verfügung stellt, bietet es sich jedoch an, die CAD-Modelle nicht erst in der NC-Programmierung ausschließlich für die NC-Simulation zu generieren, sondern direkt beim Auftragseingang in der Arbeitsvorbereitung (Abb. 5-7). Damit stehen die 3D-Modelle allen nachfolgenden Abteilungen der Arbeitsvorbereitung zur Verfügung. Arbeitsplan- und Prüfplanerstellung (oder die Meßmaschinenprogrammierung für komplexere Meßmaschinen), NC-Programmierung und NC-Simulation können alle auf das zuvor generierte 3D-Modell zugreifen [59].

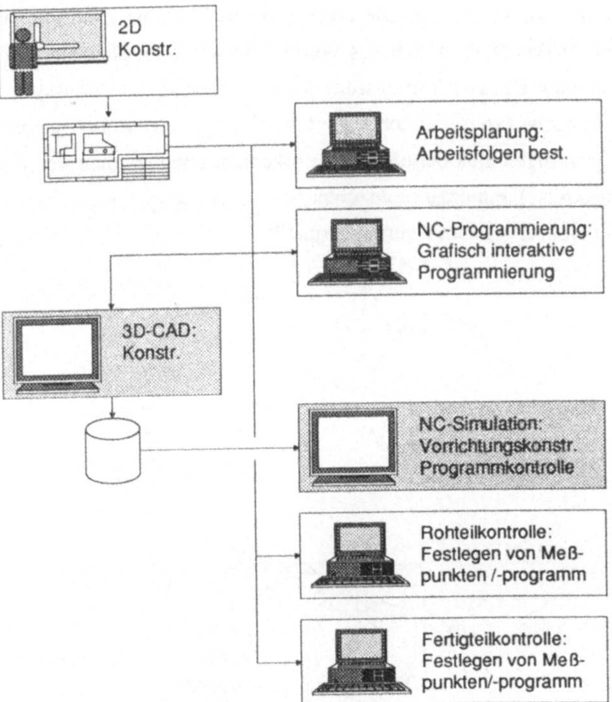

Abb. 5-7:   *Erzeugung von 3D-Geometrien am Eingang der Arbeitsvorbereitung*

5.3.3   "Pseudo" 3D-Modelle

Erscheint einem Unternehmen der vorstehend geschilderte Aufwand für die Generierung von 3D-Modellen zu hoch, bietet sich die Simulation auf der Basis von 2D-Mo-
dellen als Alternative an: Einzelne Schnitte oder Ansichten des Werkstücks können
lagerichtig im Raum positioniert werden. Es entsteht ein Drahtmodell des Werkstücks, das alle Bearbeitungsmerkmale enthält. Abb. 5-8 zeigt ein Beispiel für das
vorgeschlagene Vorgehen. Das "Pseudo-3D-Modell" kann anschließend durch einfache Hüllkörper umschrieben werden, mit deren Hilfe sich rechnerische Kollisionsbetrachtungen durchführen lassen. Die eigentliche Bearbeitung kann nur visuell überprüft werden, da das Drahtmodell des Werkstücks keinerlei Flächeninformation enthält. Die schnellen Blickwinkeltransformationen im NC-Simulationssystem erlauben
jedoch eine einfache Programmkontrolle: Ob die Lage einer Bohrung korrekt ist, läßt
sich in der jeweiligen Bearbeitungsebene erkennen (Bewegt sich der Bohrer durch
den Bohrungskreis?); ein dazu senkrechter Schnitt enthält die Tiefeninformation (Bewegt sich der Bohrer bis zum Bohrungsgrund?).

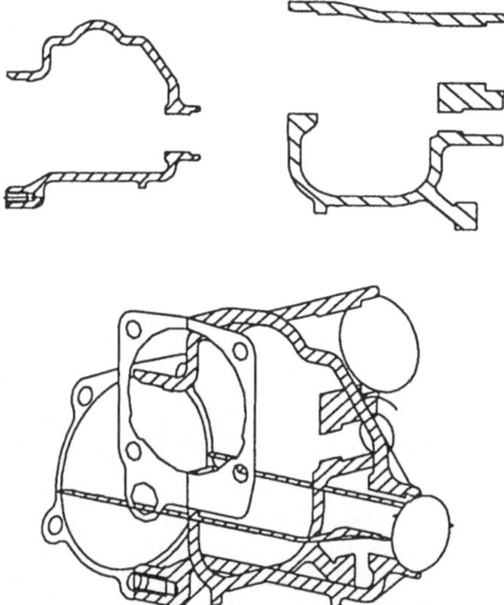

Abb. 5-8:   *"Pseudo"-3D-Modell eines Gußgehäuses*

5.4 Anbindung an Betriebsmitteldatenbanken

Wie bereits erwähnt, sprechen folgende Gründe gegen eine Erzeugung der Werkzeug-geometrien in einem 3D-CAD-System:

- Die große Anzahl unterschiedlicher Komplettwerkzeuge, die im Unternehmen verfügbar sind sowie
- die Möglichkeit der Neudefinition von Komplettwerkzeugen durch den NC-Programmierer während der Programmerstellung.

Die Angaben über Einsatzlänge und Werkzeugradius werden darüber hinaus bereits während der Programmerstellung benötigt. Je nach Leistungsumfang des verwendeten NC-Programmiersystems ist die Verarbeitung von zusätzlichen technologischen Informationen möglich. In der Regel werden NC-Programmiersysteme daher in Verbindung mit Werkzeugdateien eingesetzt, in denen die zur Programmerstellung benötigten Informationen gespeichert sind. Aus diesen Gründen bietet es sich daher an, eine Kopplung des Simulationssystems zu bereits vorhandenen Werkzeugdateien zu schaffen, um, ausgehend von den in der Datei gespeicherten Informationen, automatisch die für die Simulation benötigten Werkzeuggeometrien zu generieren [60,61].

5.4.1 Anforderungen an eine zentrale Werkzeugverwaltung

Um ein neu erstelltes NC-Programm in der NC-Simulation auf Kollisionen zwischen Werkzeug und Spannmittel zu überprüfen, muß die Geometrie des Werkzeugs vollständig beschrieben sein. Die Angabe von Werkzeuglänge und -radius reicht für eine Kollisionsprüfung nicht aus. Vielmehr muß der gesamte Aufbau des Werkzeugs bekannt sein. Abb. 5-9 zeigt den typischen Fall einer Kollision zwischen Werkzeugverlängerung und Spannmittel. Obwohl beide Werkzeuge das gleiche Sollmaß xs aufweisen, führt die lange Verlängerung (obere Bildhälfte) zu einer Kollision, während der kürzere Werkzeugaufbau (untere Bildhälfte) eine fehlerfreie Bearbeitung zuläßt.

Der Aufbau von rotationssymmetrischen Bohr- oder Fräswerkzeugen kann mit Hilfe von Hüllzylindern beschrieben werden, die das reale Werkzeug vollständig einschließen. Die Hüllzylinder stellen somit eine geeignete Basis für Kollisionsbetrachtungen dar. Das NC-Simulationssystem muß eine Schnittstelle besitzen, über die die Werkzeugmaße in die Simulation übernommen werden können. Ausgehend von den abgespeicherten numerischen Werten wie Durchmesser und Länge der Hüllzylinder, ist eine automatische Generierung der 3D-Modelle der Werkzeuge möglich, die dann Grundlage der NC-Simulation sind.

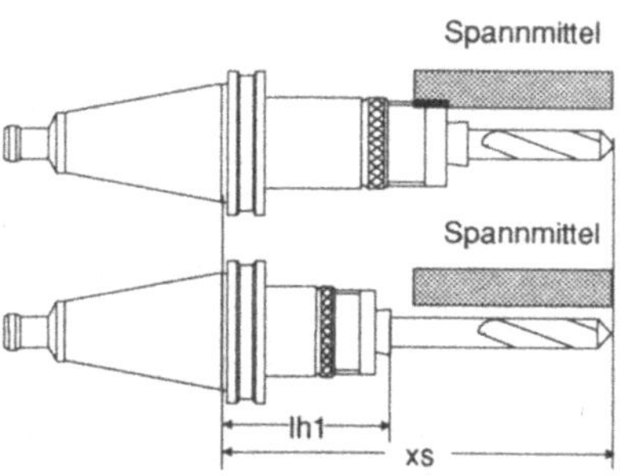

Abb. 5-9:   *Bedeutung einer vollständigen Beschreibung des Werkzeugaufbaus*

Darüber hinaus muß jedoch durch organisatorische Maßnahmen sichergestellt werden, daß der Zusammenbau der Werkzeuge in der Werkzeugvoreinstellung den Vorgaben des NC-Programmierers entspricht. Es bietet sich daher an, die Werkzeugverwaltung mit einer Lagerverwaltung zu koppeln [62,63]. Der Mitarbeiter in der Werkzeugvoreinstellung erhält so nicht nur die Information, wie ein Werkzeug zusammengebaut werden soll, sondern auch über den Lagerort, an dem die für den Zusammenbau benötigten Komponenten abgelegt sind.

In der Regel beinhalten die für die unterschiedlichen NC-Programmiersysteme entwickelten Werkzeugdateien nicht alle Informationen, die für die automatische Generierung einer dreidimensionalen Werkzeuggeometrie für die Kollisionsprüfung benötigt werden. Darüber hinaus sind nur in wenigen vorhandenen Systemen Lagerverwaltungsfunktionen integriert. Aus diesen Gründen stellt die Ankopplung der NC-Simulation an eine Betriebsmitteldatenbank einen Vorteil gegenüber einer einfachen Schnittstelle zu Werkzeugdateien dar. In der Betriebsmitteldatenbank müssen die Werkzeuge vollständig beschrieben sein. Auf der Basis der in der Datenbank gespeicherten Werkzeugabmessungen wird das Simulationsmodell des Werkzeugs erstellt. Die in der Datenbank abgelegten Stücklisten und Einstellmaße dienen der Werkzeugvoreinstellung als Vorlage um sicherzustellen, daß die realen Werkzeuggeometrien den Simulationsmodellen entsprechen. Die Lagerverwaltung unterstützt die Arbeit der Werkzeugvoreinstellung.

Ist das NC-Programmiersystem nicht in der Lage, direkt auf die Datenbestände der Betriebsmitteldatenbank zuzugreifen, müssen zumindest die für die Programmerstellung benötigten Werkzeugdateien automatisch erstellt werden. Diese Aufgabe können spezielle Schnittstellenprogramme übernehmen, die die benötigten Datensätze aus der Betriebsmittelverwaltung lesen und in einem von dem NC-Programmiersystem lesbaren Format abspeichern. Der Nachteil eines solchen Vorgehens ist jedoch die redundante Datenhaltung. Um die Konsistenz der Daten zu gewährleisten, muß sichergestellt sein, daß Datenänderungen ausschließlich im zentralen Datenbestand der Betriebsmitteldatenbank erfolgen. Nach jeder Datenänderung muß automatisch eine neue Kopie des Datenbestands erstellt werden, sodaß jeweils der aktuelle Datenbestand im NC-Programmiersystem verfügbar ist.

Insgesamt sollte eine leistungsfähige zentrale Werkzeugverwaltung folgende Anforderungen erfüllen:

- Vollständige Beschreibung der Geometrie aller Werkzeugkomponenten und Komplettwerkzeuge.
- Suchfunktionen, die das Auffinden bereits definierter Werkzeuge erleichtern, um die Anzahl der definierten Werkzeuge möglichst gering zu halten und um der Konstruktion geeignete Vorgaben machen zu können.
- Anbindung der Werkzeugverwaltung an die interne Datenbank des im Unternehmen eingesetzten NC-Programmiersystems.
- Grafische Ausgabe der Komplettwerkzeuge auf dem Bildschirm in einer den bisherigen Einstellblättern entsprechenden Form.
- Unterstützung der Werkzeugvoreinstellung durch eine leistungsfähige Lagerverwaltung.
- Funktionen, die das Auffinden bereits verbauter Werkzeugkomponenten ermöglichen.

5.4.2 Konzeption einer realisierten Kopplung

Auf der Basis der im vorangegangenen Abschnitt entwickelten Anforderungen an eine leistungsfähige zentrale Betriebsmittelverwaltung, wurde in enger Zusammenarbeit mit einem Maschinenbauunternehmen eine Betriebsmitteldatenbank aufgebaut und in die betriebliche Praxis eingeführt.

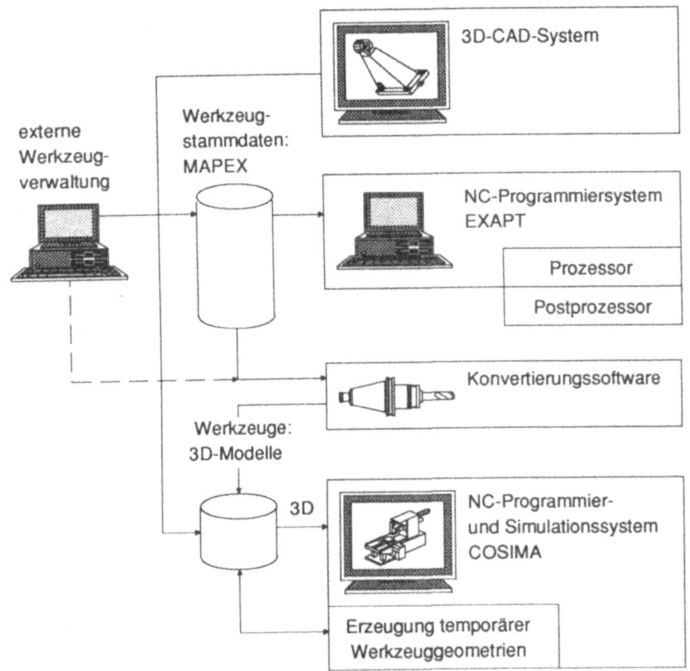

Abb. 5-10: Möglichkeiten der Übernahme von Werkzeugdaten in die Simulation

Abb. 5-10 zeigt die Anbindung der Werkzeugverwaltung an das NC-Programmiersystem und an das NC-Simulationssystem. Da das eingesetzte NC-Programmiersystem EXAPT nicht direkt auf die Datensätze in der zentralen Werkzeugdatei zugreifen kann, mußte die EXAPT-spezifische Werkzeugdatei MAPEX beibehalten werden. Eine Schnittstelle in der zentralen Werkzeugverwaltung erstellt sogenannte MDI-Dateien. MDI-Dateien sind Dateien im ASCII-Format, die von der EXAPT-Werkzeug-datei MAPEX eingelesen werden können. Auf diese Weise enthält die MAPEX-Datei immer eine Kopie der Daten in der zentralen Betriebsmittelverwaltung.

Neben der reinen Betriebsmittelverwaltung wurde eine spezielle Konvertierungssoftware entwickelt, die aus den Daten der MDI-Dateien die Werkzeugkontur extrahiert und automatisch einen Rotationskörper aufbaut (Abb. 5-11). Der erstellte Rotationskörper wird in der Geometriedatenbank des Simulationssystems gespeichert. Die Geometrien von Spezialwerkzeugen, die sich nicht als Rotationskörper darstellen lassen, können auf diese Weise in einem 3D-CAD-System generiert und über die oben beschriebenen Geometrieschnittstellen in die Simulationsdatenbank geladen werden.

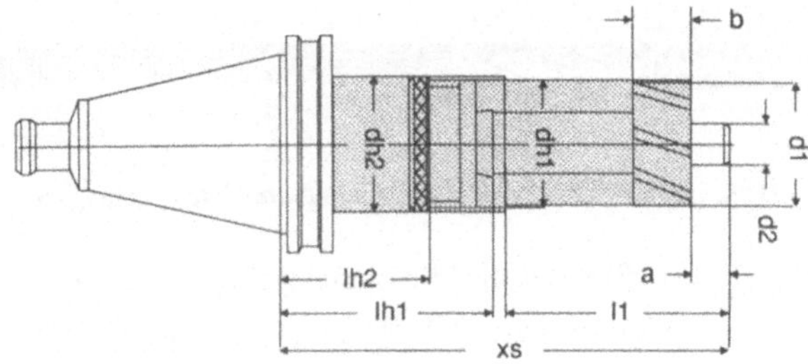

Abb. 5-11:   Darstellung von Komplettwerkzeugen durch Rotationskörper

5.4.3   Bildschirmmasken für die Eingabe der Werkzeugdaten

Der Umgang mit dem System soll durch die in Abb. 5-12 dargestellte Bildschirmmaske für die Eingabe der Kenndaten von Komplettwerkzeugen erläutert werden. Die wesentliche Information stellt die Stückliste dar, die angibt, aus welchen Komponenten das Komplettwerkzeug besteht. Die Stückliste kann wiederum als Liste von Verwendungsnachweisen interpretiert werden: Wird die Stückliste nicht nach den Identnummern der Komplettwerkzeuge, sondern nach den Identnummern der Werkzeugkomponenten sortiert, lassen sich die Komplettwerkzeuge, in denen eine bestimmte Komponente verbaut werden kann, direkt auslesen.

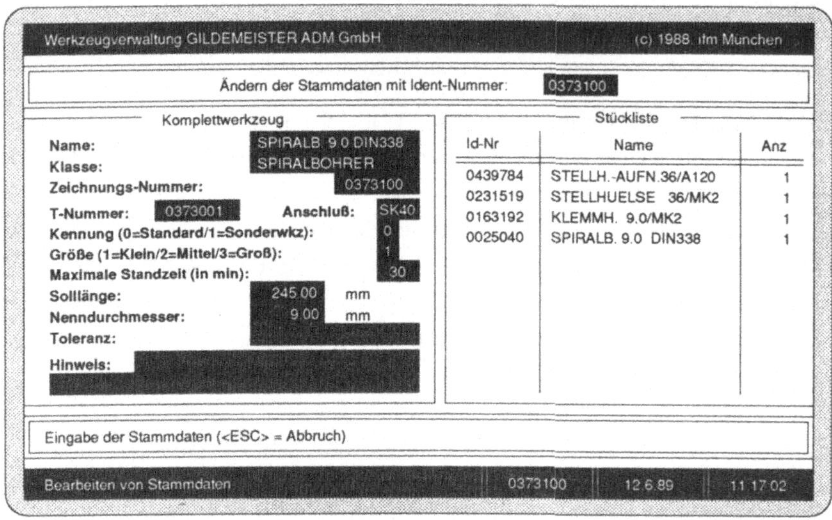

Abb. 5-12:   Datenfelder zur Beschreibung von Komplettwerkzeugen

Die Datenfelder der oben dargestellten Bildschirmmasken reichen nicht aus, um den Anforderungen im Hinblick auf eine vollständige geometrische Werkzeugbeschreibung sowie die geforderte Ankopplung an die EXAPT-Werkzeugdatenbank MAPEX zur gewährleisten. Um eine zusätzliche Dateneingabe in einem zweiten System zu vermeiden und um eine konsistente Datenhaltung sicherzustellen, muß die zentrale Werkzeugverwaltung alle Informationen bereitstellen, die anschließend in anderen Systemen benötigt werden. Die MAPEX-Datenfelder, die im Unternehmen auch bisher schon ausgefüllt wurden, sind daher ebenfalls Bestandteil des Werkzeugverwaltungssystems. Zur Eingabe der MAPEX-Daten dient die in Abb. 5-13 abgebildete Bildschirmmaske. In dieser Maske sind unter anderem auch die Hüllzylinder für die Werkzeugaufnahme definiert, die zu Kollisionsbetrachtungen herangezogen werden.

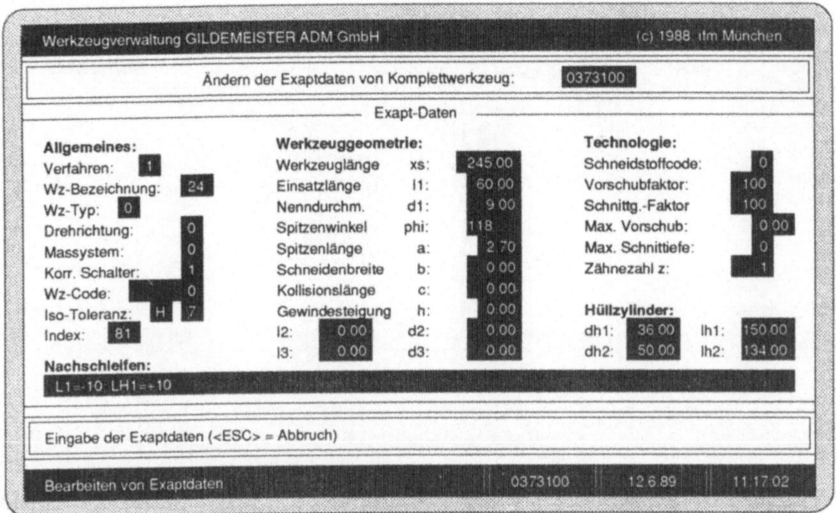

Abb. 5-13:   *Datenfelder zur Beschreibung des Aufbaus und der Technologie von Komplettwerkzeugen*

5.4.4   Unterstützung der Werkzeugvoreinstellung

Die Werkzeugvoreinstellung besitzt einen direkten Zugriff auf die Daten der zentralen Werkzeugdatei. Gleichzeitig mit der grafischen Darstellung einer Werkzeuggeometrie erfolgt die Ausgabe der Sollmaße auf dem Bildschirm (Abb. 5-14). Auch bei Änderungen der Kenngrößen in der Datenbank werden so jeweils die korrekten Werte in der Werkzeugvoreinstellung angezeigt. Auf diese Weise steht in der Werkzeugvoreinstellung immer eine aktuelle Skizze des Werkzeugs zur Verfügung. Neben der Vorgabe von Stückliste und Einstellmaßen sind in der aufgebauten Werkzeugverwaltung auch Funktionen der Lagerverwaltung implementiert. Durch Eingabe der Identnummer eines Komplettwerkzeugs können z.B. automatisch die Lagerorte aller zum Zusammenbau des gewünschten Werkzeugs benötigten Komponenten angezeigt werden.

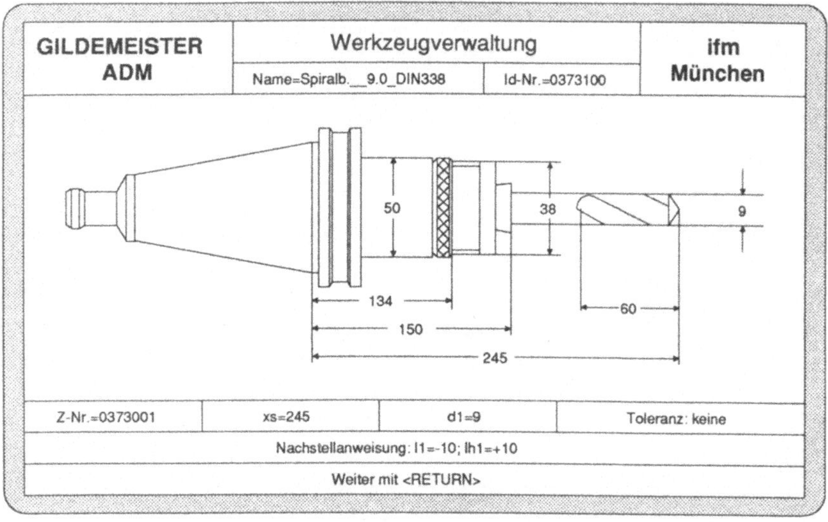

*Abb. 5-14:   Grafische Darstellung der Komplettwerkzeuge in der Werkzeugvor-
einstellung mit Ausgabe der Sollwerte*

5.4.5   Datenübergabe an das NC-Programmiersystem

Die Kopplung zwischen der zentralen Betriebsmittelverwaltung und dem NC-Programmiersystem erfolgt über sogenannte MAPEX Eingabedateien ("MDI-Dateien"). Bei der Erstellung der MAPEX-Eingabedateien werden die in der PC-Datenbank abgelegten maximalen Toleranzen für das Nachschleifen der Werkzeuge berücksichtigt. Der in Abb. 5-15 dargestellte Bohrer hat z.B. eine Einsatzlänge von 60 mm und eine Länge des vorderen Hüllkörpers von 150 mm. Beim Nachschleifen des Bohrers verringert sich die Einsatzlänge. Um dennoch die gleiche Solllänge zu erreichen, muß die Längendifferenz mit der Stellhülse ausgeglichen werden. Damit verlängert sich der vordere Hüllzylinder. Beide Veränderungen sind in der MAPEX-Eingabedatei berücksichtigt: Die Einsatzlänge wurde um 10 mm reduziert, während der Hüllzylinder um 10 mm vergrößert wurde. Damit stehen für Kollisionsberechnungen, die auf MAPEX-Daten beruhen, immer Werkzeugdaten zur Verfügung, die eine größtmögliche Sicherheit bieten.

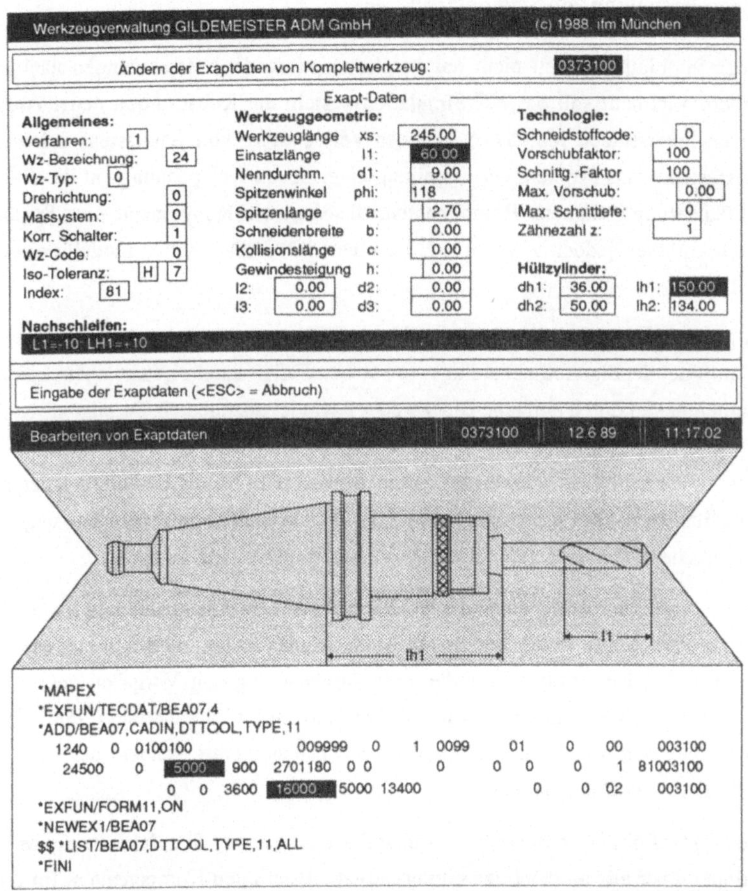

Abb. 5-15:   *Berücksichtigung von Nachschleifanweisungen bei der Datenübertragung von der zentralen Betriebsmittelverwaltung an die Werkzeugdatei des NC-Programmiersystems*

5.5 Erstellung von Spannplänen

In der Simulation sollen nicht nur bereits existierende Aufspannungen nachgebaut werden. Vielmehr soll das NC-Simulationssystem die Konstruktion neuer Aufspannungen unterstützen [64,65,66]. Bei der Verwendung von Baukastenvorrichtungen reduziert sich das Problem der Erstellung einer neuen Aufspannung auf die Auswahl und Plazierung geeigneter Komponenten. Die einzelnen Komponenten des Spannbaukastens müssen jedoch zuvor mit Hilfe eines 3D-CAD-Systems modelliert worden sein.

Bei großflächigen Bearbeitungen besteht unter Umständen keine Notwendigkeit, die Spannmittel detailgetreu abzubilden. In solchen Fällen kann es ausreichen, komplette Spanneinheiten durch einfache Blöcke oder Zylinder anzudeuten. Solange diese Blökke alle realen Spannelemente umschließen, können bei der Kollisionsbetrachtung keine Fehler im NC-Programm übersehen werden. Um für die Erstellung solch einfacher Hilfsgeometrien nicht immer das 3D-CAD-System benutzen zu müssen, wurde ein einfacher Geometrieeditor in das NC-Simulationssystems integriert.

Die neu erstellten Aufspannungen werden in Form von Stücklisten und Spannplänen dokumentiert. Diese Daten müssen am Aufspannplatz in der Werkstatt zur Verfügung stehen, um sicherzustellen, daß die reale Aufspannung den Vorgaben des NC-Programmierers gemäß aufgebaut wird. Daher sind im NC-Simulationssystem Schnittstellen integriert, die nicht ausschließlich der Dateneingabe, sondern der Aus-, bzw. Weitergabe von Daten dienen.

Wie in Abschnitt 4-2 beschrieben, enthält das Layout einer Simulationsaufgabe Informationen über alle an der Bearbeitungsaufgabe beteiligten Komponenten. Im Layout ist somit eine Stückliste aller zum Aufbau einer Vorrichtung benötigten Komponenten implizit vorhanden. Diese Stückliste kann extrahiert und in der Betriebsmitteldatenbank unter der Identnummer des NC-Programms abgespeichert werden. Durch die Lagerverwaltungsfunktionen der Betriebsmitteldatenbank erhält der Werker nach Eingaben der Identnummer des Lochstreifens eine Liste von Lagerorten für alle benötigten Komponenten und kann mit dem Aufbau der Aufspannung beginnen.

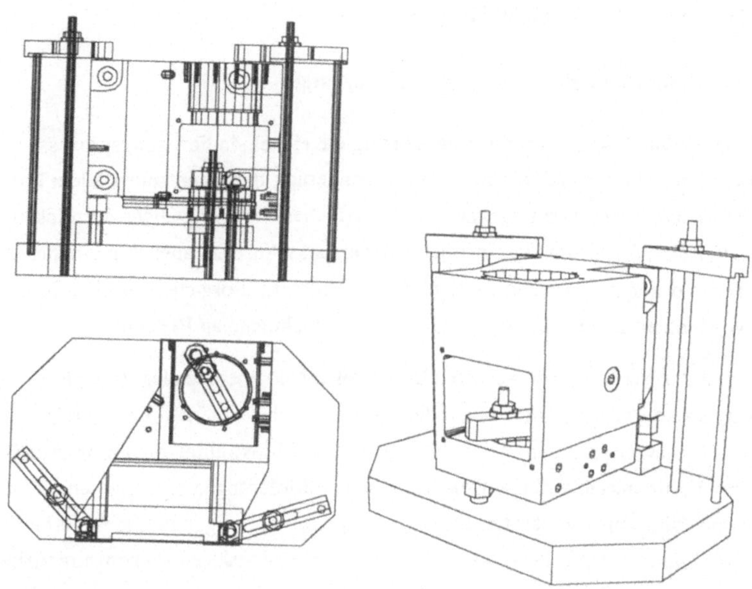

Abb. 5-16:   2D-Projektionen und 3D-Ansicht einer Aufspannung

Spannpläne definieren die relative Lage der Spannelemente untereinander und die Lage der Spannelemente bezüglich des Werkstücks. Bei einfacheren Aufspannungen genügen zweidimensionale Projektionen, um die Lage der Spannelemente eindeutig zu definieren. Bei komplexen Aufspannungen können 3D-Ansichten (Abb. 5-16) die Lesbarkeit des Spannplans deutlich verbessern. Beide Möglichkeiten wurden im neu entwickelten NC-Simulationssystem realisiert.

Standardschnittstellen (z.B. IGES) erlauben die Datenübergabe vom Simulationssystem in ein beliebiges CAD-System. In diesem CAD-System können die Spannpläne nachträglich bemaßt werden, um vollständige Werkstattzeichnungen zu erhalten. Eine Alternative zur Erstellung konventioneller Spannpläne ist das Abspeichern von Ansichten der fertigen Vorrichtung. Die abgespeicherten Ansichten können anschließend auf einem preiswerten Terminal in der Werkstatt abgerufen werden. Auf diese Weise unterstützt die NC-Simulation die Einführung der "papierlosen" Fertigung.

6.   Diskussion des erstellten Konzepts

6.1   Wirtschaftliche Bedeutung des Rüstvorgangs

In der Vergangenheit wurden schwerpunktmäßig die einzelnen Fertigungsprozesse an den Maschinen optimiert. Maßnahmen zur Verringerung der Hauptzeiten allein können jedoch heute der Forderung nach wirtschaftlicher Fertigung nicht ausreichend genügen. In Zukunft müssen die Unternehmen verstärkt Anstrengungen unternehmen, um das Umfeld der eigentlichen Fertigungsmittel besser zu organisieren. Die Reduzierung von Neben- und Rüstzeiten gewinnt daher zunehmend an Bedeutung.

Forderungen des Marktes nach kürzeren Lieferzeiten bei zunehmender Variantenvielfalt in kleinen Losgrößen prägen heute die Situation vieler Unternehmen. Die Unternehmen sind daher gezwungen, durch die Erhöhung der Flexibilität von Fertigungssystemen und Fertigungsabläufen auf die gestellten Anforderungen zu reagieren. Diese Entwicklung führt zum verstärkten Einsatz von flexiblen Fertigungszellen und Fertigungssystemen mit entsprechend höheren Maschinenstundensätzen als konventionelle Bearbeitungszentren. Die Forderung nach einer Reduktion der Rüstzeiten stellt sich somit verstärkt bei kleinen Losgrößen mit geringer Wiederholhäufigkeit und hohen Maschinenstundensätzen. Studien über die technische und organisatorische Verfügbarkeit von flexiblen Fertigungssystemen [67] haben gezeigt, daß die organisatorischen Stillstandszeiten 6-8% betragen. Einer der Gründe sind umfangreiche Programmkorrekturen und -optimierungen, die innerhalb des Systems vorgenommen werden, und dazu führen, daß einzelne Bearbeitungsmaschinen über einen längeren Zeitraum nicht produzieren können.

6.2   Anteil der Programmtests an der Rüstzeit

In den zurückliegenden Jahren wurden verschiedene Rüstzeituntersuchungen durchgeführt, die sich auf Zeitaufnahmen in der Fertigung stützen [68,69]. Dabei wurde der Rüstvorgang in vier Rüstabschnitte zerlegt (Abb. 6-1): Rüstvorbereitung, Maschinenrüsten, Einfahren und Nachbearbeitung.

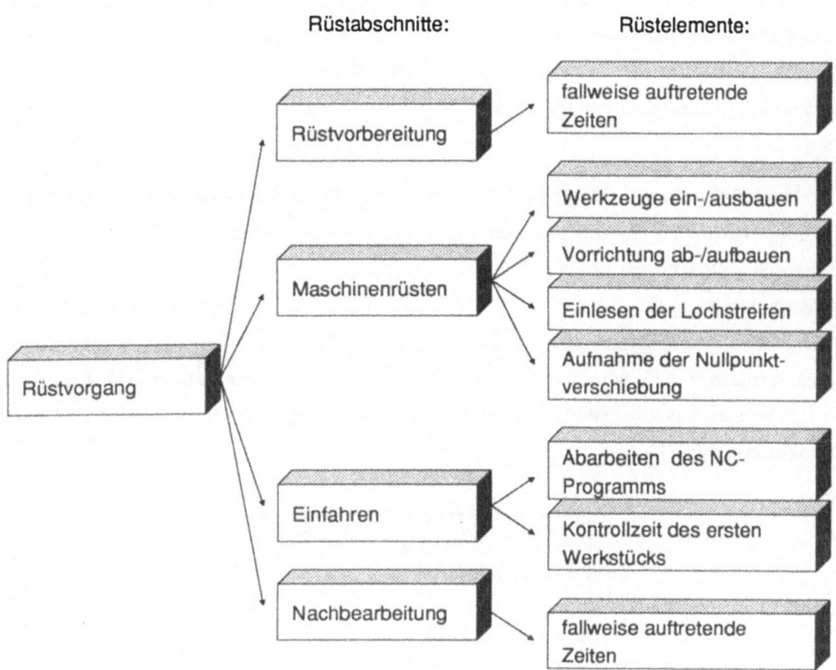

Abb. 6-1:   *Einteilung des Rüstvorgangs [68]*

"Rüstvorbereitung" und "Nachbearbeitung" werden als zusätzliche Rüstabschnitte bezeichnet, da sie in der untersuchten Fertigung theoretisch nicht auftreten dürften. Unter "Rüstvorbereitung" werden alle Zeitanteile zusammengefaßt, die nach der Bearbeitung des letzten Werkstückes eines Auftrages auftreten und den Beginn des ersten geplanten Rüstabschnitts "Maschinenrüsten" verzögern. Unter "Nachbearbeitung" werden in der Fertigung fallweise auftretende Zeiten erfaßt, die im Anschluß an das Vermessen des ersten Werkstückes vor der weiteren Fertigung des Restloses im Automatikbetrieb anfallen.

Die Rüstabschnitte "Maschinenrüsten" und "Einfahren" beinhalten die geplanten Rüstzeitanteile. Unter "Maschinenrüsten" werden alle Tätigkeiten zusammengefaßt, die nach Abschluß der Bearbeitung des letzten Werkstücks des alten Auftrags bis zum Start des NC-Programmes für das neue Werkstück anfallen. Der Rüstabschnitt "Einfahren" beinhaltet alle Tätigkeiten, die zwischen dem Start des NC-Programmes beim ersten Werkstück und der Rückkehr des gefertigten Erstteils aus der Kontrolle anfallen.

Im Rahmen mehrerer Rüstzeituntersuchungen wurden bei verschiedenen Maschinenbauunternehmen Zeitaufnahmen durchgeführt. Für eine der durchgeführten Untersuchungen [70] sind die prozentualen Zeitanteile der Rüstabschnitte Rüstvorbereitung, Maschinenrüsten, Einfahren und Nachbearbeitung an der Gesamtrüstzeit in Abb. 6-2 dargestellt. Die durchschnittliche Einzelzeit betrug 66 Minuten, die durchschnittliche Gesamtrüstzeit 423 Minuten. Für das Einfahren wurden im Schnitt 342 Minuten aufgewendet, das entspricht 81% der Rüstzeit. Die Einfahrzeit betrug somit 520% der Programmlaufzeit.

Einzelzeit :	t_e = 66'
Einfahren:	$t_{Einfahren}$ = 342'
Rüstzeit:	t_R = 432'
	$\dfrac{t_{Einfahren}}{t_e}$ = 5,2

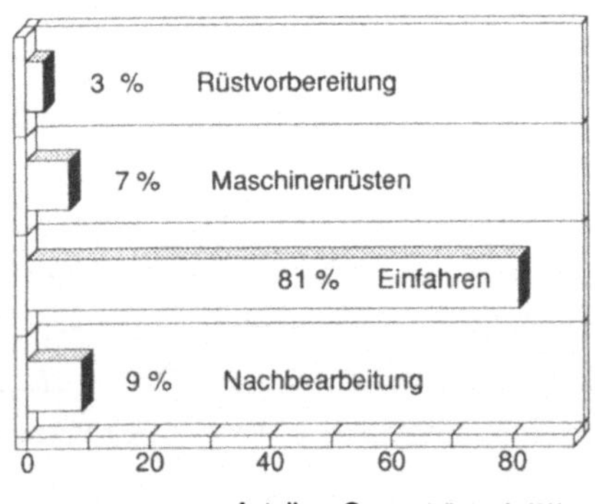

Abb. 6-2:   *Anteil des Einfahrens an der Gesamtrüstzeit [70]*

Die Ergebnisse dieser Studie wurden bei Zeitaufnahmen in anderen Unternehmen bestätigt. Bei einem Maschinenhersteller wurden in einem Zeitraum von 3 Monaten 38 Einfahrvorgänge ausgewertet. Die durchschnittliche Programmlaufzeit betrug 34 Minuten. Der für das Einfahren der neuen Programme benötigte Zeitaufwand betrug 176 Minuten. Damit ergab sich ebenfalls ein Verhältnis Einfahrzeit zu Programmlaufzeit von 5,2.

Amerikanische Studien bestätigen die wirtschaftliche Bedeutung des Einfahrens [71,72]. Nach Untersuchungen werden in den USA jedes Jahr 1,8 Milliarden US$ für die Verifizierung und Korrektur von NC-Programmen ausgegeben. In Abb. 6-3 ist die Fehlerrate bezogen auf den Komplexitätsgrad der NC-Bearbeitung angegeben. Bei mehr als vier-achsiger Bearbeitung steigt die Fehlerrate je nach Maschinenkinematik und Programmiermethode bis auf 95%. Entsprechend der herausragenden Bedeutung des Einfahrvorgangs an der Gesamtrüstzeit soll dieser Rüstabschnitt im folgenden genauer analysiert werden.

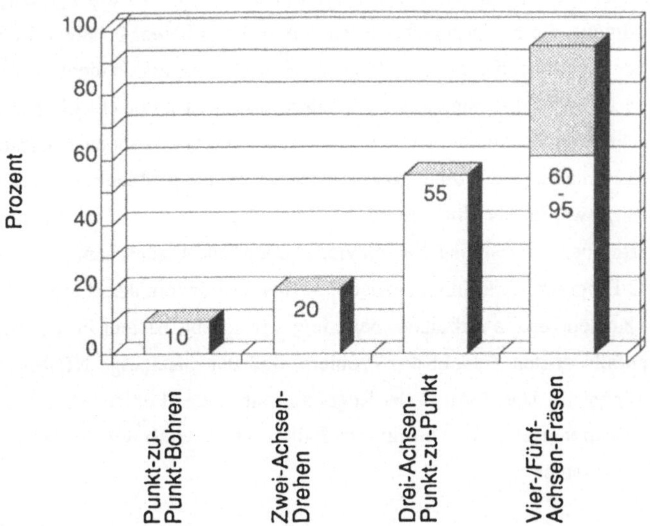

Abb. 6-3:   *Fehlerwahrscheinlichkeit unterschiedlicher NC-Programme [71]*

6.3 Genauere Analyse des Einfahrvorgangs

Weitere Untersuchungen zeigten, daß das Einfahren fehlerfreier Programme im Durchschnitt 150% der Einzelzeit betrug. Traten beim Einfahren jedoch Fehler auf, stieg der Zeitaufwand auf das 2-3-fache. Das Einfahren fehlerbehafteter Programme erforderte somit 300%-500% der Programmlaufzeit.

Die Ursache für den sprunghaft erhöhtem Zeitaufwand bei fehlerhaften NC-Programmen ist einsichtig: Der Zeitaufwand für das satzweise Abarbeiten aller neuen NC-Programme beinhaltet den Zeitanteil, der vom Maschinenbediener benötigt wird, um das neue NC-Programm unter permanenter Kontrolle mit verlangsamtem Vorschub satzweise abzufahren. Auch bei fehlerfreien NC-Programmen muß darüber hinaus Zeit für die Kontrolle des ersten Werkstücks (Messen funktionsrelevanter Maße) aufgewendet werden.

Werden dagegen im NC-Programm Fehler erkannt (z.B. falsche Bohrungskoordinaten), muß der Maschinenbediener vor Ort anhand der zur Verfügung stehenden Einzelteilzeichnung die Fehlerursache feststellen und den Fehler beheben. In komplexen Zeichnungen ist dabei das entsprechende Maß unter Umständen nicht explizit vorhanden (nicht NC-gerechte Bemaßung), sondern muß aus unterschiedlichen Ansichten und Projektionen berechnet werden. Die Abweichung zwischen Programmiernullpunkt und Bemaßungskoordinatensystem, sowie die unterschiedlichen Werkzeugkorrekturen erschweren das Umrechnen der Zeichungskoordinaten in Programmkoordinaten. Treten bei der Fehlersuche Schwierigkeiten auf, werden häufig die verantwortlichen NC-Programmierer hinzugezogen. Abgesehen davon, daß dieses Vorgehen zusätzliche Kosten für die Arbeitsvorbereitung verursacht, besteht in der zweiten oder gegebenenfalls dritten Schicht das Problem, daß der zuständige NC-Programmierer nicht verfügbar ist. Dies führt in der Regel zu sehr langen Fehlersuchzeiten durch den Maschinenbediener und im schlimmsten Fall zu einem Abbruch der Bearbeitung am aktuellen Werkstück.

6.4 Art und Häufigkeit der beim Einfahren auftretenden Fehler

Die während der beobachteten Einfahrvorgänge aufgetretenen Programmfehler lassen sich nach Fehlerart und Fehlerursache unterscheiden. Abb. 6-4 zeigt eine Aufstellung der möglichen Fehlerarten und -ursachen. Bei den möglichen Fehlerarten muß zwischen geometrischen, technologischen und organisatorischen Fehlern unterschieden werden. Geometrische Fehler sind z.B. falsche Koordinaten im NC-Programm, die zu fehlerhaften Bearbeitungen oder evtl. sogar zu Kollisionen während der Programmabarbeitung führen. Zu den technologischen Fehlern zählen z.B. falsche Vorschubwerte, die zu Rattermarken führen. Organisatorische Fehler umfassen alle Fehler, die beim Umsetzen der Fertigungsunterlagen in die reale Fertigungssituation gemacht werden. Es handelt sich dabei z.B. um Abweichungen vom Spannplan beim Aufbau der Spannvorrichtung oder um Fehler beim Zusammenbau der Komplettwerkzeuge in der Werkzeugvoreinstellung.

Fehler-verur-sacher	Fehler-art	Fehlerquelle		
		Werkzeug	Aufspannung	NC-Programm
Planung/NC-Programmierung	Geometrische Fehler	Ungeeignetes Wkz vom NC-Programmierer vorgesehen (Einsatzlänge zu gering für Bohrungstiefe)	Spannelemente am falschen Ort vorgesehen (Kollision Maschine/Wkz. mit Spannelement)	Fehlerhafte Koordinaten (Bohrt daneben)
	Technologische Fehler	Werkzeug hält Schnittbedingungen nicht stand.	Aufspannung nicht stabil genug	Falsche Vorschubwerte im NC-Programm
Werkstatt	Organisatorische Fehler	Werkzeug falsch eingestellt oder falsches Werkzeug eingewechselt	Aufspannung nicht gemäß Spannplan aufgebaut	Falsches Programm geladen

Abb. 6-4:   Art- und Ursache von beim Einfahren auftretenden Fehlern

Die Fehlerursachen lassen sich in die drei Bereiche Werkzeuge, Aufspannung und NC-Programm einteilen. Unter Werkzeugfehlern werden alle Fehler zusammengefaßt, die direkt mit dem eingesetzten Werkzeug zusammenhängen. Es handelt sich dabei z.B. um Kollisionen der Werkzeugaufnahme mit dem Werkstück aufgrund einer ungenügenden Einsatzlänge des Werkzeugs. Die Fehlerursache Aufspannung umfaßt z.B. Kollisionen zwischen Werkzeug und Spannelementen. Derartige Kollisionen können zum einen dadurch hervorgerufen werden, daß der NC-Programmierer die Spannung bei der Berechnung des Rückzugswegs nicht berücksichtigt hat (geometrischer Fehler). Zum anderen können Kollisionen zwischen Werkzeug und Spannelementen aber auch dadurch hervorgerufen werden, daß die Aufspannung in der Werkstatt abweichend vom vorgegebenen Spannplan aufgebaut wird (organisatorischer Fehler). Die Fehlerursache NC-Programm umfaßt alle Fehler, die direkt auf fehlerhafte Informationen im Maschinenprogramm zurückzuführen sind.

In Abb. 6-5 sind die prozentualen Verteilungen der Fehlerarten und -ursachen, wie sie sich bei einer Untersuchung [73] ergaben, aufgetragen. Es zeigt sich, daß Werkzeuge für 42% aller Fehler während des Einfahrens verantwortlich waren. Fehlerhafte Aufspannungen verursachten ca. 14% aller Fehler. Die NC-Programme (falsche Koordinatenangaben, etc.) waren für 44% der Fehler beim Einfahren verantwortlich.

Teileklasse 2	Werkzeugfehler	Spannfehler	Programmfehler	$\sum$
geometrisch	16,8 %	5,6 %	26,4 %	48,8 %
technologisch	12,6 %	4,2 %	17,6 %	34,4 %
organisatorisch	12,6 %	4,2 %	0 %	16,8 %
$\sum$	42 %	14 %	44 %	100 %

Abb. 6-5:   *Anteil der unterschiedlichen Fehlerarten und -ursachen [73]*

Der größte Teil der beim Einfahren aufgetretenen Fehler war geometrischer Art (48,8%). Technologische Fehler traten in 34,4% und organisatorische Fehler in 16,8%

aller Fälle auf. Der Anteil der organisatorischen Fehler war in der Hauptsache durch falsch eingestellte Werkzeuge bedingt. Die Ursache dafür lag darin, daß in dem betrachteten Unternehmen von der NC-Programmierung außer Einstellänge und Werkzeugdurchmesser keinerlei Vorgaben für den Zusammenbau des Komplettwerkzeugs an die Werkzeugvoreinstellung gemacht wurden. Die ermittelten Zahlenwerte unterstreichen somit die in Kapitel 4 dargelegte Erfordernis einer zentralen Betriebsmittelverwaltung.

6.5   Anteil der in der NC-Simulation erkennbaren Fehler

In der NC-Simulation läßt sich der überwiegende Teil aller geometrischen Fehler erkennen. Technologische Fehler lassen sich nur sehr grob feststellen. Mit Hilfe der Echtzeitdarstellung kann zwischen einer Schnittbewegung im Arbeitsvorschub und einer Eilgangbewegung sehr gut unterschieden werden. Ob ein Vorschub von 1100 oder 1200 mm/Min. für den zu bearbeitenden Werkstoff einen optimalen Schnittwert darstellt, läßt sich in der Simulation nicht feststellen.

Teileklasse 2	geometrisch	technologisch	organisatorisch	Σ
Fehler gesamt	48,8 %	34,4 %	16,8 %	
% erkennbar	90,0 %	0 %	30,0 %	
Σ	44,0 %	0 %	5,0 %	49,0 %

Abb. 6-6:   *Anteil der in der NC-Simulation erkennbaren Fehler [73]*

Organisatorische Fehler können zwar in der NC-Simulation nicht direkt erkannt werden, da sie per Definition Abweichungen von der geplanten Bearbeitung darstellen, die Einführung der NC-Simulation in der Arbeitsvorbereitung erzwingt jedoch die Erstellung von genauen und fehlerfreien Arbeitsunterlagen für Werkzeugvoreinstellung und Werkstückspannplatz. Durch die Anbindung an eine Betriebsmitteldatenbank stehen für die Werkzeugmontage die Kollisionsmaße zur Verfügung. Die im

Simulationssystem erstellten Spannpläne beschreiben exakt die Bauteilspannung, bei der Kollisionen ausgeschlossen werden können. Je nachdem, ob im einzelnen Unternehmen eine Betriebsmittelverwaltung vorhanden und eingeführt ist, können durch die Maßnahmen, die die Einführung der NC-Simulation begleiten, bis zu 30% der organisatorischen Fehler vermieden werden. Auf der Basis der ermittelten Verteilung der unterschiedlichen Fehlerarten lassen sich mit Hilfe der NC-Simulation ca. 50% aller Fehler erkennen und bereits in der Arbeitsvorbereitung beheben (Abb. 6-6).

6.6 Einfahrzeitreduzierung durch die NC-Simulation

Wie bereits erwähnt, müssen auch Programme, die nach Überprüfung in der Simulation keine erkennbaren Fehler mehr aufweisen, an der realen Maschine eingefahren werden. Durch die Simulation beeinflußbar ist also nur der Zeitanteil, der die Einfahrzeit für fehlerfreie Programme übersteigt und für die Behebung von erst an der Maschine erkannten Fehlern benötigt wird.

Durch die Einführung der NC-Simulation lassen sich ca. 50% aller Fehler erkennen. Es besteht jedoch ein erheblicher Unterschied in den zeitlichen Auswirkungen geometrischer und technologischer Fehler. Während der Werker technologische Fehler an der Maschine schnell beheben kann (z.B. durch die Reduzierung des Vorschubs), nimmt die Fehlersuche und -behebung von geometrischen Fehlern wesentlich mehr Zeit in Anspruch. Der unterschiedliche Zeitbedarf für die Fehlerkorrektur an der Maschine kann durch Einführung eines Zeitfaktors für die verschiedenen Fehlerarten berücksichtigt werden. Da in der Simulation überwiegend geometrische Fehler erkannt werden, liegt die prozentuale Reduzierung der für Fehlersuche und -behebung an der Maschine aufgewendeten Zeit höher als die relative Verringerung der Fehleranzahl.

Auf der anderen Seite müssen jedoch die Einfahrzeiten für fehlerfreie Programme berücksichtigt werden, die durch die Simulation nicht beeinflußbar sind und auch nach erfolgter Simulation der neuen NC-Programme anfallen. Beeinflußbar ist also nur der für Fehlersuche und -behebung an der Maschine aufgewendeten Zeitanteil. Insgesamt ergeben sich somit je nach Fehlerverteilung und -wahrscheinlichkeit Reduzierungen der gesamten Einfahrzeiten von 25%-40%.

6.7 Auswirkungen auf die NC-Programmierung

Die Einführung der NC-Simulation führt nicht nur zu Einsparungen beim Einfahren der neuen Programme in der Werkstatt. Es entfällt zudem auch der bisher übliche Aufwand für den Test neuer NC-Programme in der Arbeitsvorbereitung. Zur Ermittlung der Zeitaufwände für die einzelnen Tätigkeiten in der NC-Programmierung wurden bei verschiedenen Unternehmen Aufschreibungen vorgenommen. Es zeigte sich, daß in der Drehteilprogrammierung eines Unternehmens ca. 16% der gesamten Programmierzeit für Programmkontrollen und -korrekturen in der Arbeitsvorbereitung aufgewendet werden [74]. Dieser Zeitanteil steigt bei der Programmierung prismatischer Werkstücke und hängt stark von der Art der Programmerstellung ab.

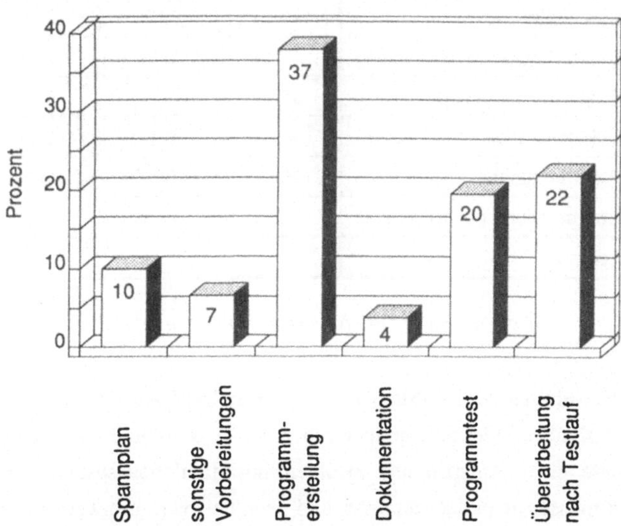

Abb. 6-7:   Zeitlicher Anteil für die Durchführung der einzelnen Tätigkeiten in der NC-Programmierung [75]

In Abb. 6-7 ist die Verteilung der Tätigkeiten während der Programmerstellung für ein untersuchtes Unternehmen dargestellt [75]. In dem Unternehmen werden die NC-Programme alphanumerisch auf EXAPT 1.1-Basis erstellt. 10% der Programmierzeit werden für die Erstellung von Spannplänen aufgewendet. Die heute noch in den meisten Unternehmen gebräuchliche Methode zur Erstellung eines Spannplans basiert auf dem maßstäblichen Kopieren von Spannmittelzeichnungen, dem Ausschneiden der einzelnen Symbole und lagerichtigen Aufkleben der Symbole auf der Spannskizze. Bei einer durchschnittlichen Programmierzeit von 10 h pro NC-Programm werden damit für das Erstellen eines Spannplans ca 1 h aufgewendet. Der Aufwand für das Testen der erstellten NC-Programme beträgt ca. 20% der gesamten Programmierzeit, also 2 h pro NC-Programm. Da auch nach dem Test des NC-Programms in der NC-Programmierung Fehler beim Einfahren auftreten, müssen für das Überarbeiten des NC-Programms nach dem Programmtest weitere 2,2 h aufgewendet werden.

Funktion	Zeitanteil	reduzierbar	Einsparung
Spannplan	10 %	80 %	8 %
sonst. Programmvorbereitung	7 %	0 %	0 %
Programmerstellung	38 %	0 %	0 %
Dokumentation	4 %	0 %	0 %
Programmtest	20 %	100 %	20 %
Überarbeitung nach Testlauf	22 %	49 %	11 %
Summe			39 %

Abb. 6-8:   *Einsparungen in der NC-Programmierung durch die Simulation [75]*

Durch die Einführung der NC-Simulation lassen sich die Aufwendungen für alle drei genannten Aufgabenfelder reduzieren (Abb. 6-8). Auswahl und Placierung der einzelnen Elemente einer Aufspannung erfolgen im Simulationssystem. Die erstellten Spannpläne müssen lediglich geplottet und eventuell vermaßt werden. Der Zeitaufwand für das konventionelle Testen des NC-Programms entfällt komplett, da der Programmtest im Simulationssystem stattfindet. Da die Simulation die erst beim Einfahren an der Maschine auftretenden Programmfehler um ca. 50% reduziert, verringert sich der Aufwand für das anschließende Überarbeiten des NC-Programms im gleichen Maß. Dem zusätzlichen Zeitaufwand für die Durchführung der NC-Simulation in der Arbeitsvorbereitung steht somit eine Einsparung der bisherigen Programmierzeit von ca. 40% gegenüber.

6.8   Zusätzliche Vorteile der NC-Simulation

In den bisherigen Abschnitten wurden nur die im normalen Betrieb auftretenden Rüstzeitreduzierungen durch die Einführung der NC-Simulation berücksichtigt. Eine vollständige NC-Simulation hat darüber hinaus jedoch noch eine Reihe weiterer Vorteile, die allerdings nur schwer monetär zu bewerten sind (Abb. 6-9).

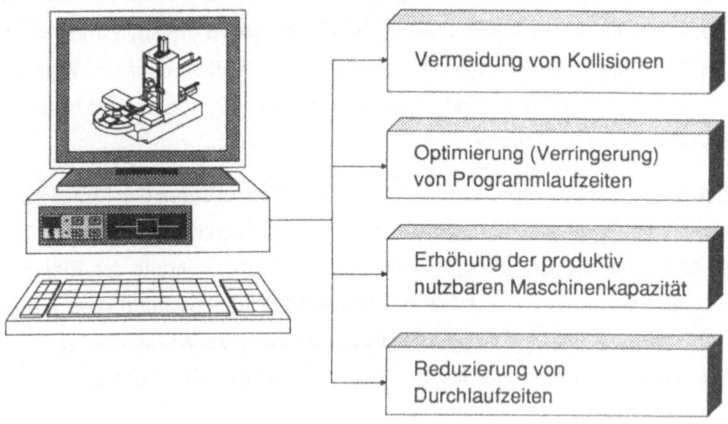

Abb. 6-9:   *Zusätzliche Vorteile der NC-Simulation*

Durch die NC-Simulation wird die Wahrscheinlichkeit von Kollisionen zwischen Werkzeug und Werkstück oder zwischen Werkzeug und Spannmittel wesentlich reduziert. Die Folge einer Kollision sind im einfachsten Fall Werkzeugschäden. Im schlimmsten Fall kommt es jedoch zu Maschinenschäden, die eine Reparatur der Maschine bedingen. Wie Untersuchungen [76] belegen, sind ca. 30% der Schäden an NC-Werkzeugmaschinen auf fehlerhafte NC-Steuerdaten zurückzuführen. Die Hälfte aller Kollisionen werden durch Bedienereingriffe im Automatikbetrieb und während des Einfahrens verursacht. Die durch eine einzige Kollision verursachten Reparaturkosten sowie die Produktionsausfälle aufgrund von Maschinenstillstandszeiten übersteigen in der Regel die Kosten für die Einführung der NC-Simulation in der Arbeitsvorbereitung.

Durch die grafische Simulation der NC-Bearbeitung in Echtzeit kann das NC-Programm bereits in der NC-Programmierung optimiert werden. Bei der heute üblichen Praxis werden bei der Berechnung von Hilfspunkten (z.B. Werkzeugwechselpositionen bei mitbewegten Werkzeugmagazinen, An- und Abrückpositionen beim Anfahren von Bearbeitungen oder beim Umfahren von Spannmitteln) häufig "Angstzuschläge" durch den NC-Programmierer addiert, um sicherzustellen, daß die Zwischenpunkte kollisionsfrei angefahren werden können. Im Gegensatz zu diesem Vorgehen können in der NC-Simulation die Hilfspunkte so gelegt werden, daß minimale Wege zurückzulegen sind. Auf diese Weise kann die Laufzeit eines NC-Programms bereits in der Arbeitsvorbereitung optimiert werden.

Die Einführung der NC-Simulation führt über die Verringerung der Einfahrzeiten zu einer Erhöhung der produktiv nutzbaren Maschinenkapazität. Dieser Vorteil fällt insbesondere bei kleinen Losgrößen ins Gewicht. Eine Reduzierung der Einfahrzeiten um 25% führt bei Losgröße 4 und einer gegenwärtigen durchschnittlichen Einfahrzeit von 500% bezogen auf die Programmlaufzeit zu einer Kapazitätserhöhung von 16%. D.h. es können 16% mehr Aufträge auf der Maschine bearbeitet werden.

Ein weiteres zentrales Thema stellt die Verringerung der Durchlaufzeit eines Auftrags dar. Im gleichen Verhältnis, in dem sich die Maschinenbelegungszeit durch eine Auftrag verringert, verkürzt sich die Durchlaufzeit an dieser Station. Die NC-Simulation kann also helfen, die Durchlaufzeiten in der mechanischen Fertigung zu reduzieren.

7.   Zusammenfassung

Im Rahmen der vorliegenden Arbeit wurde ein grafisches 3D-NC-Simulationssystem entwickelt und in der Arbeitsvorbereitung eines Maschinenherstellers installiert. Besonderes Augenmerk wurde auf die Entwicklung einer integrierten datentechnischen Lösung gelegt. In einer Pilotphase wurde das Programmsystem an die speziellen Gegebenheiten des Anwenders angepaßt und zur Praxisreife weiterentwickelt.

Vor allem die konventionelle alphanumerische NC-Programmierung führt häufig zu fehlerhaften NC-Programmen. Die bisherigen Verfahren zum Test neu erstellter NC-Programme in der Arbeitsvorbereitung bieten keine ausreichende Sicherheit für das Erkennen aller Programmfehler. Programmtests in der Werkstatt verursachen Maschinenstillstandszeiten und hohe Einfahrkosten. Das Einfahren neuer NC-Programme auf der realen Maschine birgt darüber hinaus immer große Kollisionsgefahren. Es besteht daher die Notwendigkeit verbesserte Testverfahren für den Einsatz in der Arbeitsvorbereitung zu schaffen, die eine höhere Programmqualität und damit eine Verringerung der Einfahrzeiten auf der realen Maschine gewährleisten.

Nach der Entwicklung eines Konzepts für ein grafisches 3D-NC-Simulationssystem wird die Realisierung des Prototyps beschrieben. In der Ausarbeitung wird dabei besonderes Augenmerk auf die zwei Hauptbestandteile des Systems, die Steuerungsnachbildung und die rechnerische Kollisionskontrolle, gelegt.

Um vom eingesetzten NC-Programmiersystem unabhängig zu sein und um eventuelle Postprozessoreigenheiten auszuschließen, findet der Programmtest nicht auf der Basis eines Teileprogramms oder von CLDATA statt. Es wird vielmehr das reale Maschinenprogramm, das per Lochstreifen oder DNC an die Maschinensteuerung überspielt wird, simuliert. Aus diesem Grund müssen für jede Steuerung spezielle Prozeduren entwickelt werden, die die Interpretation eines NC-Satzes sowie die Umrechnung von Programm- in Maschinenkoordinaten realisieren. Der Prototyp ist so konzipiert, daß eine klare Schnittstelle zwischen dem steuerungsneutralen Simulationshauptprogramm und den jeweils maschinenspezifischen Steuerungsnachbildungen besteht. Auf diese Weise lassen sich Abweichungen im Verhalten unterschiedlicher NC-Steuerungen in der Simulation abbilden.

Das Verfahren zur automatischen, rechnerischen Kollisionserkennung stellt einen weiteren Kernpunkt des entwickelten Programmsystems dar. Der beschriebene Algorithmus basiert auf dem verwendeten Flächenmodell. Zur Beschleunigung des Verfahrens werden Hüllkörper erzeugt, die die zu prüfenden Objekte vollständig umschließen. Der entwickelte Algorithmus ermöglicht die automatische Kollisionserkennung in Echtzeit und unterliegt keinerlei Einschränkungen hinsichtlich der zu untersuchenden Geometrien. Die Flächenstruktur der Kollisionsobjekte kann beliebige gelochte, konvexe oder konkave Facetten aufweisen. Alle zur Beschleunigung des Kollisionstests benötigten Hilfsgrößen werden automatisch berechnet, sodaß für den Anwender kein zusätzlicher Aufwand zur Definition von Zusatzgeometrien entsteht.

Ein weiterer Aspekt der vorliegenden Arbeit ist die datentechnische Integration des Simulationssystems in die Rechnerumgebung der Arbeitsvorbereitung. Es handelt sich dabei vor allem um die Übernahme von 3D-Geometrien (Maschinengeometrie, Spannmittel, Werkstück) aus unterschiedlichen CAD-Systemen. Um den Aufwand für die Durchführung von NC-Simulationen zu reduzieren, werden die Werkzeuggeometrien nicht mit Hilfe eines CAD-Systems generiert, sondern automatisch auf der Basis von, in einer Werkzeugdatenbank gespeicherten, numerischen Informationen erzeugt. Im Rahmen der Installation des Systems bei dem Pilotkunden wurde daher eine neue Betriebsmitteldatenbank aufgebaut, die die Bereiche NC-Programmierung, NC-Simulation, Werkzeugvoreinstellung und Lagerwesen miteinander verbindet.

Schließlich werden Ansätze zur wirtschaftlichen Bewertung des vorgestellten NC-Simulationssystems entwickelt. Anhand von Rüstzeituntersuchungen und Analysen der NC-Programmierung in verschiedenen Unternehmen wird dargelegt, daß sich durch die Einführung der NC-Simulation die Einfahrzeiten in der Werkstatt drastisch senken lassen. Dem zusätzlichen Aufwand in der NC-Programmierung für die Durchführung der NC-Simulation stehen darüber hinaus zeitliche Einsparungen in der NC-Programmierung (vor allem durch den Wegfall herkömmlicher Testverfahren) gegenüber.

Mit dem entwickelten NC-Simulationssystem steht ein leistungsfähiges Werkzeug zur Verbesserung der NC-Programmqualität in der Arbeitsvorbereitung zur Verfügung. Die Praxistauglichkeit wurde durch die Installation des Systems bei einem Pilotanwender nachgewiesen. Im Rahmen der Installation des Systems in der Arbeitsvorbereitung des Industrieunternehmens wurden Lösungen für das Problem der Integration mit den herkömmlichen Systemen der technischen Datenverarbeitung entwickelt.

8.   Literatur

[1]   J. Milberg, Th. Koepfer: Trends in der Produktionsautomatisierung - Wettbewerbsvorteile durch Rechnerintegration, Bulletin SEV/VSE 81(1990)9, 5. Mai, S.13-19.

[2]   J. Milberg, Th. Koepfer: Wettbewerbsvorteile durch rechnerintegrierte Konstruktion und Produktion, VDI-Berichte 830 "Rechnerintegrierte Konstruktion und Produktion", Tagung München, 22.-24.10.90, VDI-Verlag, Düsseldorf, 1990.

[3]   D.G. Reinertsen: Whodunit? The search for the new product killers. Electronic Business 9(1983)July, pp. 62-66.

[4]   DIN 66025: Programmaufbau für numerisch gesteuerte Arbeitsmaschinen. Berlin, Köln: Beuth Verlag 1982.

[5]   N.N.: Marktbild NC-Programmiersysteme. fertigung, 2(1989), S.20-25.

[6]   DIN 66215: Cutter Location Data (CLDATA). Berlin, Köln: Beuth Verlag 1974.

[7]   U. Pilland: Tendenzen in der NC-Technik. wt Werkstattstechnik 78(1988), S.299-304.

[8]   A. Potthast, W.v. Zeppelin: CAD/NC-Kopplung für ein Werkstattprogrammiersystem. ZwF 84(1989)9, S.487-490.

[9]   G. Lay, M. Boffo, R.J. Schneider: Integration von rechnergestützter Konstruktion und NC-Programmierung. ZwF 82(1987)6, S.325-332.

[10]   J. Milberg, S. Peiker: Geometrie- und technologieorientierte Verbindung von CAD-Systemen mit NC-Programmiersystemen. wt Werkstattstechnik 77(1987), S.583-586.

[11]   H. Schabert: Technologieorientierte CAD/NC-Verfahrenskette. ZwF 84(1989)10, S.582-586.

[12]   H.-E. Hellwig, U. Hellwig, M. Paulus: Die Kopplung und die Integeration von CAD und CAM. Teil 3: CAD/NC-Kopplung. VDI-Z 127(1985), S.28-32.

[13]   S. Peiker: Entwicklung eines integrierten NC-Planungssystems. iwb Forschungsberichte, Band 23, Springer Verlag, 1989.

[14]   N.N.: CIM-Baustein für die Fertigung. CIM-Praxis 8(1989), S.12-16.

[15]   P. Adamczyk: Interaktive NC-Programmierung mit EXAPT. Industriean-
         zeiger 107(1985)18, S.76-79.

[16]   T. Selinger: Teilautomatisierte werkstattnahe NC-Programmerstellung im
         Umfeld einer integrierten Informationsverarbeitung. Disserta-
         tion. TH Karlsruhe, Karlsruhe 1987.

[17]   G. W. Staiger: Grafisch-interaktive NC-Programmierung von Drehteilen
         im Werkstattbereich. Forschungsberichte aus dem Institut für
         Werkzeugmaschinen und Betriebstechnik (wbk) der Universität
         Karlsruhe (TH), Band 5, 1984.

[18]   T. Hoffmann, R. Holub, H. Martin, A. Reschke: CNC-Steuerungen im Ver-
         gleich. CIM-PRAXIS 8(1989), S.63-77.

[19]   R. Ammon, S. Liese, H. Witte, C. Raether: Neue Systeme für werkstatt-
         orientierte Programmierverfahren, Teil 1: Einführung von Ver-
         bundvorhaben. wt Werkstattstechnik 77(1987), S.501-504.

[20]   J. Monz, E. Hohwieler: Neue Systeme für werkstattorientierte Program-
         mierverfahren, Teil 2: Programmieren des Fertigungsverfahrens
         Drehen. wt Werkstattstechnik 77(1987), S.575-581.

[21]   A. Potthast, E. Hohwieler, S.H. Kwok: Neue Systeme für werkstattorien-
         tierte Programmierverfahren, Teil 4a: Simulation der Bohr- und
         Fräsbearbeitung. wt Werkstattstechnik 77(1987), S.690-693.

[22]   W. Walter, R. Lederer: Aufbau eines NC-Programmiersystems zur Dialog-
         fähigkeit wt-Z. ind. Fertig. 74(1984)12, S.743-746.

[23]   A. Herrscher, W. Walter: Programmiersystem für Werkstatt und Arbeits-
         vorbereitung. Werkstatt und Betrieb 122(1989)1, S.25-31.

[24]   W. Fischer: Grafisch interaktives NC-Teileprogrammiersystem, ZwF
         81(1986)2, S.82-84.

[25]   G. Pritschow, G. Spur, M. Weck: "Entwicklungstendenzen maschinenna-
         her Bearbeitungssimulation" in Simulationstechnik in der Ferti-
         gung. München, Wien: Carl Hanser Verlag 1986.

[26]   E. Hohwieler, A. Potthast: Grafisch-dynamische Simulation für die CNC-
         Doppelschlittenbearbeitung. ZwF 80(1985)8, S.342-348.

[27]   K. Rahmacher, J. Heßelmann: Erfahrungen bei der Entwicklung eines gra-
         fischen Prozeß-Simulationssystems. ZwF 78(1983)6, S.276-
         279.

[28]   H. Hammer, A. Potthast: Grafisch-dynamische Simulation für die Bohr-
         und Fräsbearbeitung. ZwF 80(1985)9, S.372-378.

[29]   J. Milberg, N. Schrüfer, A. Tauber: Der Montage eine Chance. Flexible
         Automation 3(1988), S.25-30.

[30]   J. Milberg, W. Pfrang, N. Schrüfer, P. Wrba: "Der Mensch als Simulations-
         objekt" in Jahrbuch Produktion und Planung, Sonderpublika-
         tion MI Verlag, 1989.

[31]   G. Speith: 3D-Produktmodellierung von Systemwerkzeugen mit dem
         CAD-Programmsystem KOKO, VDI-Berichte 830 "Rechnerin-
         tegrierte Konstruktion und Produktion", Tagung München, 22.-
         24.10.90, VDI-Verlag, Düsseldorf, 1990.

[32]   B. Hirsch, X. Sheng, H. Müller: Realistische Simulation mehrachsiger NC-
         Bearbeitungsvorgänge, ZwF 85(1990)10, S.541-545.

[33]   R. Lederer: Programmierung von NC-Werkzeugmaschinen mit mehreren
         Werkzeugschlitten. Berichte aus dem Institut für Steuerungs-
         technik der Werkzeugmaschinen und Fertigungseinrichtungen
         der Universität Stuttgart (isw). Band 70 (1988).

[34]   P. Müller, B. Baeck, W. Schmidt: Maschinennahe 3D-Simulation von Be-
         arbeitungsvorgängen. wt-Z. ind. Fertig. 76(1986), S.625-628.

[35]   K. Rahmacher: Simulation von NC-Programmen für moderne CNC-Dreh-
         maschinen. ZwF 81(1986)2, S.77-81.

[36]   D.M. Scheifele: Grafisch dynamische Simulation des Bearbeitungsvorgan-
         ges für Doppleschlittendrehmaschinen. Berichte aus dem Insti-
         tut für Steuerungstechnik der Werkzeugmaschinen und Ferti-
         gungseinrichtungen der Universität Stuttgart (isw). Band
         76(1988).

[37]   J. Milberg, N. Schrüfer: Grafische 3D-Simulation der NC-Bearbeitung.
         Werkstattstechnik 78(1988), S.305-309.

[38]   P. Wrba: Simulation als Werkzeug in der Handhabungstechnik. iwb For-
         schungsberichte, Band 25, Springer Verlag, 1990.

[39]   G. Spur, F. Krause: CAD-Technik: Lehr- und Arbeitsbuch für die Rechnerunterstützung in Konstruktion und Arbeitsplanung. Hanser Verlag, 1984.

[40]   G. Pahl: Modellierungsstrategien beim Einsatz von 3D-CAD-Systemen. Konstruktion 41(1989), S. 406-415.

[41]   J. Denavit, R.S. Hartenberg: A kinematic notation for lower pair mechanisms based on matrices. ASME J. Appl MEch.(1955) 215-221.

[42]   G. Klingenberg: Zeitkontinuierliche Simulation im fertigungstechnischen Bereich. Dissertation TH Aachen (1981).

[43]   H.-J. Warnecke, A. Altenhein: Zwei Verfahren zur Kollisionserkennung und Vermeidung bei der Off-line-Programmierung von Industrierobotern. Robotersysteme 2(1986), S.163-169.

[44]   M. A. Ganter, J. J. Uicker, Jr.: Dynamic Collision Detection Using Swept Solids. Journal of Mechanisms, Transmissions, and Automation in Design (1986)12, S.549.

[45]   A. Storr, R. Lederer, J. Zirbs: Geometrische Kollisionsprüfung bei NC-Drehmaschinen mit mehreren Werkzeugschlitten. Werkstatt und Betrieb 123(1990)1, S.59-62.

[46]   A. Potthast, S.H. Kwok, Y.-S. Lim: Rechnerische Kollisionskontrolle mit einem dynamischen 3D-Simulationssystem. ZwF 83(1988)3, S.153-157.

[47]   W. Schmidt: Grafikunterstütztes Simulationssystem für komplexe Bearbeitungsvorgänge in numerischen Steuerungen. Berichte aus dem Institut für Steuerungstechnik der Werkzeugmaschinen und Fertigungseinrichtungen der Universität Stuttgart (isw). Band 73(1988).

[48]   G. Pritschow, W. Schmidt: Entwicklung eines simulationsgerechten Geometriemodells für ein grafikunterstütztes Simulationssystem. wt Werkstattstechnik 79(1989), S.99-103.

[49]   S. Udupa: Collision Detection and Avoidance in Computer Controlled Manipulators. Proceedings of the 5.th International Joint Conference on Artificial Intelligence, Vol. 2, MIT, Cambridge, MA, (August 1977).

[50] T. Lozano-Perez: Spatial Planning: A Configuration Space Approach. IEEE Transactions on Computers, Vol. C-32, No. 2(1983).

[51] W. Eversheim, P. Schütze, G. Luszek: Kollisionskontrolle für offline erstellte Industrieroboter-Programme. VDI-Z 130(1988)1, S.63-68.

[52] G. Pritschow, K.-H. Kayser: Dreidimensionale Echtzeitkollisionsüberwachung an Fertigungseinrichtungen. wt Werkstattstechnik 77(1987), S.201-205.

[53] J. E. Hopcroft, J. T. Schwartz, M. Sharir: Efficient Detection of Intersections among Spheres. The International Journal of Robotics Research, Vol. 2, No. 4(Winter 1983).

[54] N. Ahuja, R. T. Chien, R. Yen, N. Bridwell: Interference Detection and Collision Avoidance among three dimensional Objects. Proceedings of the First Annual National Conference on Artificial Intelligence, Stanford University, August 1980.

[55] N.N.: Initial Graphics Exchange Specification (IGES), Version 2.0. National Bureau of Standards, February 1983.

[56] DIN 66301: VDA-Flächenschnittstelle (VDAFS). Version 1.0, Berlin, Köln: Beuth Verlag 1983.

[57] S. Peiker, N. Schrüfer: CAD/CAM und CIM in der Metallbearbeitung. tz für Metallbearbeitung 82(1988)6, S.17-27.

[58] H. Grabowski, R. Anderl, R.Glatz: CAD/CAM-Schnittstellenproblematik für den Anwender. wt - Z. ind. Fertig. 76(1986), S.212-218.

[59] J. Milberg, Th. Koepfer, N. Schrüfer: 3-D-grafische interaktive Arbeitsplanung. Werkstattstechnik 80(1990), S.445-448.

[60] N. Schrüfer: Schneller Datenzugriff. Fertigung 8(1989), S.68-79.

[61] J. Milberg, N. Schrüfer, B. Zipper: Gesichtspunkte des Einsatzes zentraler Werkzeugverwaltungssysteme. Werkstattstechnik 80(1990), S.497-501.

[62] H. Maschke: Tool-Management. CIM-PRAXIS 12(1987), S.22-31.

[63] F. Demmelmeier: Integration von Lagerverwaltung und PPS-System bei einem metallverarbeitenden Unternehmen. ZwF 84(1989)4.

[64]   W. Eversheim, G. Buchholz: Rechnerunterstützte Konstruktion von Baukastenvorrichtungen. VDI-Z 129(1987)11, S.59-66.

[65]   R. Schwolgin: CAD und Fertigungssimulation bei Verwendung von Baukastenvorrichtungen. Sonderdruck aus Technische Rundschau 5(1987)

[66]   S. Schindelwolf, D. Buchberger: Rechnergestützte Planungshilfen für Baukasten-Vorrichtungen. Werkstatt und Betrieb 121(1988)1, S.41-45.

[67]   W. Büdenbender, T. Scheller: Flexible Fertigungssysteme in der Praxis. VDI-Z 129(1987)10, S.22-28.

[68]   F. Nyhius: Rüstzeitanalyse: Voraussetzung füe eine systematische Verringerung der Rüstzeiten. wt Werkstattstechnik 78(1988), S.305-309.

[69]   J. Milberg, Th. Koepfer: Rüstzeiten in der Einzelteil- und Kleinserienfertigung senken. Werkstatt und Betrieb 123(1990)1, S.63-68.

[70]   Th. Koepfer, N. Schrüfer: Simulation mit Cosima. VDI-Z 132(1990)4, S.18-25.

[71]   B. Schade, K.G. Schade: Simulation bei der NC-Programmierung. CAD CAM CIM 3(1990).

[72]   N. N.: NC Verification. Automation, Technology, Products 9(1988)7.

[73]   N.N.: Unveröffentlichter Projekt-Abschlußbericht. ifm Institut für Montageautomatisierung, GmbH, München, 1990.

[74]   S. Peiker, M. Lindl: Selektive Datenübertragung in einer CAD/NC-Verbindung. CAD CAM CIM 3(1990).

[75]   N.N.: Unveröffentlichter Projekt-Abschlußbericht. ifm Institut für Montageautomatisierung, GmbH, München, 1990.

[76]   E. Streifinger: Beitrag zur Sicherung der Zuverlässigkeit und Verfügbarkeit moderner Fertigungsmittel unter besonderer Berücksichtigung von Kollisionen im Arbeitsraum. iwb Forschungsberichte, Band 1, Springer Verlag, 1986.

iwb Forschungsberichte

Berichte aus dem Institut für Werkzeugmaschinen und Betriebswissenschaften
der Technischen Universität München

Herausgeber: Prof. Dr.-Ing. J. Milberg

1 **Streifinger, E.**
Beitrag zur Sicherung der Zuverlässigkeit und Verfügbarkeit
moderner Fertigungsmittel
1986. 72 Abb. 167 Seiten, ISBN 3-540-16391-3   68,- DM

2 **Fuchsberger, A.**
Untersuchung der spanenden Bearbeitung von Knochen
1986. 90 Abb. 175 Seiten, ISBN 3-540-16392-1   68,- DM

3 **Maier, C.**
Montageautomatisierung am Beispiel des Schraubens mit
Industrierobotern
1986. 77 Abb. 144 Seiten, ISBN 3-540-16393-X   68,- DM

4 **Summer, H.**
Modell zur Berechnung verzweigter Antriebsstrukturen
1986. 74 Abb. 197 Seiten, ISBN 3-540-16394-8   68,- DM

5 **Simon, W.**
Elektrische Vorschubantriebe an NC-Systemen
1986. 141 Abb. 198 Seiten, ISBN 3-540-16693-9   68,- DM

6 **Büchs, S.**
Analytische Untersuchungen zur Technologie der Kugelbearbeitung
1986. 74 Abb. 173 Seiten, ISBN 3-540-16694-7   68,- DM

7 **Hunzinger, I.**
Schneiderodierte Oberflächen
1986. 79 Abb. 162 Seiten, ISBN 3-540-16695-5   68,- DM

8 **Pilland, U.**
Echtzeit-Kollisionsschutz an NC-Drehmaschinen
1986. 54 Abb. 127 Seiten, ISBN 3-540-17274-2   68,- DM

9 **Barthelmeß, P.**
Montagegerechtes Konstruieren durch die Integration
von Produkt- und Montageprozeßgestaltung
1987. 70 Abb. 144 Seiten, ISBN 3-540-18120-2   68,- DM

10 **Reithofer, N.**
Nutzungssicherung von flexibel automatisierten Produktionsanlagen
1987. 84 Abb. 176 Seiten, ISBN 3-540-18440-6   68,- DM

11 **Diess, H.**
Rechnerunterstützte Entwicklung flexibel automatisierter
Montageprozesse
1988. 56 Abb. 144 Seiten, ISBN 3-540-18799-5   73,- DM

12 Reinhart, G.
Flexible Automatisierung der Konstruktion
und Fertigung elektrischer Leitungssätze
1988, 112 Abb. 197 Seiten, ISBN 3-540-19003-1   73,- DM

13 Bürstner, H.
Investitionsentscheidung in der rechnerintegrierten Produktion
1988, 77Abb. 190 Seiten, ISBN 3-540-19099-6   73,- DM

14 Groha, A.
Universelles Zellenrechnerkonzept für flexible Fertigungssysteme
1988, 74 Abb. 153 Seiten, ISBN 3-540-19182-8   73,- DM

15 Riese, K.
Klipsmontage mit Industrierobotern
1988, 92 Abb. 150 Seiten, ISBN 3-540-19183-6   73,- DM

16 Lutz, P.
Leitsysteme für rechnerintegrierte Auftragsabwicklung
1988, 44 Abb. 144 Seiten, ISBN 3-540-19260-3   73,- DM

17 Klippel, C.
Mobiler Roboter im Materialfluß eines flexiblen Fertigungssystems
1988, 86 Abb. 164 Seiten, ISBN 3-540-50468-0   73,- DM

18 Rascher, R.
Experimentelle Untersuchungen zur Technologie der Kugelherstellung
1989, 110 Abb. 200 Seiten, ISBN 3-540-51301-9   73,- DM

19 Heusler, H.-J.
Rechnerunterstützte Planung flexibler Montagesysteme
1989, 43 Abb. 154 Seiten, ISBN 3-540-51723-5   73,- DM

20 Kirchknopf, P.
Ermittlung modaler Parameter aus Übertragungsfrequenzgängen
1989, 57 Abb. 157 Seiten, ISBN 3-540-51724   73,- DM

21 Sauerer, Ch.
Beitrag für ein Zerspanprozeßmodell Metallbandsägen
1990, 89 Abb. 166 Seiten, ISBN 3-540-51868-1   78,- DM

22 Karstedt, K.
Positionsbestimmung von Objekten in der Montage-
und Fertigungsautomatisierung
1990, 92 Abb. 157 Seiten, ISBN 3-540-51879-7   78,- DM

23 Peiker, St.
Entwicklung eines integrierten NC-Planungssystems
1990, 66 Abb. 180 Seiten, ISBN 3-540-51880-0   78,- DM

24 Schugmann, R.
Nachgiebige Werkzeugaufhängungen für die automatische Montage
1990. 71 Abb. 155 Seiren, ISBN 3-540-52138-0   78,- DM

25 Wrba, P
Simulation als Werkzeug in der Handhabungstechnik
1990, 125 Abb., 178 Seiten, ISBN 3-540-52231-X   78,- DM

26 Eibelshäuser, P.
Rechnerunterstützte experimentelle Modalanalyse
mitells gestufter Sinusanregung
1990, 79 Abb., 156 Seiten, ISBN 3-540-52451-7   78,- DM

27 Prasch, J.
Computerunterstützte Planung von chirurgischen Eingriffen
in der Orthopädie
1990, 113 Abb., 164 Seiten, ISBN 3-540-52543-2   78,- DM

28 Teich, K.
Prozeßkommunikation und Rechnerverbund in der Produktion
1990, 52 Abb., 158 Seiten, ISBN 3-540-52764-8   78,- DM

29 Pfrang, W.
Rechnergestützte und graphische Planung manueller
und teilautomatisierter Arbeitsplätze
1990, 59 Abb., 153 Seiten, ISBN 3-540-52829-6   78,- DM

30 Tauber, A.
Modellbildung kinematischer Stukturen
als Komponente der Montageplanung
1990, 93 Abb., 190 Seiten, ISBN 3-540-52911-X   78,- DM

31 Jäger, A.
Systematische Planung komplexer Produktionssysteme
1991, 75 Abb., 148 Seiten, ISBN 3-540-53021-5   78,- DM

32 Hartberger, H.
Wissensbasierte Simulation komplexer Produktionssysteme
1991, 58 Abb., 154 Seiten, ISBN 3-540-53326-5   78,- DM

33 Tuczek H.
Inspektion von Karosseriepreßteilen auf Risse und Einschnürungen
mittels Methoden der Bildverarbeitung
1992, 125 Abb., 179 Seiten, ISBN 3-540-53965-4   88,- DM

34 Fischbacher, J.
Planungsstrategien zur strömungstechnischen Optimierung
von Reinraum-Fertigungsgeräten
1991, 60 Abb., 166 Seiten, ISBN 3-540-54027-X   78,- DM

35 Moser, O.
3D-Echtzeitkollisionsschutz für Drehmaschinen
1991, 66 Abb., 177 Seiten, ISBN 3-540-54076-8   78,- DM

36 Naber, H.
Aufbau und Einsatz eines mobilen Roboters mit
unabhängiger Lokomotions- und Manipulationskomponente
1991, 85 Abb., 139 Seiten, ISBN 3-540-54216-7   78,- DM

37 Kupec, Th.
Wissensbasiertes Leitsystem zur Steuerung flexibler Fertigungsanlagen
1991, 68 Abb., 150 Seiten, ISBN 3-540-54260-4   78,- DM

38 Maulhardt, U.
Dynamisches Verhalten von Kreissägen
1991, 109 Abb., 159 Seiten, ISBN 3-540-54365-1   78,– DM

39 Götz, R.
Stukturierte Planung flexibel automatisierter Montagesysteme
für flächige Bauteile
1991, 86 Abb., 201 Seiten, ISBN 3-540-54401-1   78,– DM

40 Koepfer, Th.
3D- grafisch-interaktive Arbeitsplanung – ein Ansatz
zur Aufhebung der Arbeitsteilung
1991, 74 Abb., 126 Seiten, ISBN 3-540-54436-4   78,– DM

41 Schmidt, M.
Konzeption und Einsatzplanung flexibel automatisierter
Montagesysteme
1992, 108 Abb., 168 Seiten, ISBN 3-540-55025-9   88,– DM

42   Burger, C.
Produktionsregelung mit entscheidungsunterstützenden
Informationssystemen
1992, 94 Abb., 186 Seiten, ISBN 5-540- 55187-5   88,– DM

43 Hoßmann, J.
Methodik zur Planung der automatischen Montage von nicht
formstabilen Bauteilen
1992, 73 Abb., 168 Seiten, ISBN 3-540-5520-0   88,– DM

45 Schönecker, W.
Integrierte Diagnose in Produktionszellen
1992, 87 Abb., 159 Seiten, ISBN 3-540-55375-4   88,– DM

46 Bick, W.
Systematische Planung hybrider Montagesyste unter
Berücksichtigung der Ermittlung des optimalen Automatisierungsgrades
1992, 70 Abb., 156 Seiten ISBN 3-540-55377-0   88,– DM

47 Gebauer, L.
Prozeßuntersuchungen zur automatisierten Montage
von optischen Linsen
1992, 84 Abb., 150 Seiten, ISBN 3-540- 55378-9   88,– DM

48 Schrüfer, N.
Erstellung eines 3D–Simulationssystems zur Reduzierung
von Rüstzeiten bei der NC–Bearbeitung
1992, 103 Abb., 161 Seiten, ISBN 3-540-55431-9   88,– DM

49 Wisbacher, J.
Methoden zur rationellen Automatisierung der Montage
von Schnellbefestigungselementen
1992, 77 Abb., 176 Seiten, ISBN 3-540-55512-9   88,– DM

50 Garnich. F.
Laserbearbeitung mit Robotern
1992, 110 Abb., 184 Seiten, ISBN 3-540- 55513-7   88,– DM

51 Eubert, P.
Digitale Zustandsregelung elektrischer Vorschubantriebe
1992, 89 Abb., 159 Seiten ISBN 3-540-44441-2   88,– DM

Die Bände sind im Erscheinungsjahr und in den folgenden drei Kalenderjahren
zu beziehen durch den örtlichen Buchhandel
oder durch Lange & Springer, Otoo-Suhr-Allee 26-28, D 1000 Berlin 10